"十三五"机电工程实践系列规划教材

机电工程基础实训系列

电工技术实验指导书

总策划　郁汉琪

主　编　宋卫菊

副主编　钱晓霞

参　编　郑子超　徐国峰

东南大学出版社

SOUTHEAST UNIVERSITY PRESS

·南京·

内 容 简 介

本书是《电工技术》等课程的实验教学指导教材。全书共5章,第1章为电工技术实验基本知识,主要介绍了测量的基本知识;第2章为直流电路实验,其中含有2个常用实验模块;第3章为交流电路实验,其中含有7个常用实验模块;第4章为交流电动机实验;第5章为常用电工测量仪器的使用。另外有2个附录,主要介绍了电工技术实验装置和电路设计自动化软件 PSpice。本书内容新颖实用,概念清晰,步骤具体,可操作性强,是进行电工技术实验必备的工具书。

本书适合作为高等院校工科电类与非电类各专业的电工实验指导书,也可供相关工程技术人员参考。

图书在版编目(CIP)数据

电工技术实验指导书/宋卫菊主编. —南京:东南大学出版社,2016.6(2023.2重印)

　ISBN　978 - 7 - 5641 - 6549 - 9

"十三五"机电工程实践系列规划教材·机电工程基础实训系列

Ⅰ.①电… Ⅱ.①宋… Ⅲ.电工技术—实验—高等学校—教学参考资料　Ⅳ.①TM-33

中国版本图书馆 CIP 数据核字(2016)第 115795 号

电工技术实验指导书

出版发行	东南大学出版社
出 版 人	江建中
社　　址	南京市四牌楼2号
邮　　编	210096

经　　销	全国各地新华书店
印　　刷	南京工大印务有限公司
开　　本	787 mm×1092 mm　1/16
印　　张	8.25
字　　数	211 千字
版　　次	2016年6月第1版
印　　次	2023年2月第3次印刷
书　　号	ISBN　978 - 7 - 5641 - 6549 - 9
印　　数	4501-5500 册
定　　价	22.00 元

(本社图书若有印装质量问题,请直接与营销部联系。电话:025 - 83791830)

《"十三五"机电工程实践系列规划教材》编委会

序

南京工程学院一向重视实践教学,注重学生的工程实践能力和创新能力的培养。长期以来,学校坚持走产学研之路、创新人才培养模式,培养高质量应用型人才。开展了以先进工程教育理念为指导、以提高实践教学质量为抓手、以多元校企合作为平台、以系列项目化教学为载体的教育教学改革。学校先后与国内外一批著名企业合作共建了一批先进的实验室、实验中心或实训基地,规模宏大、合作深入,彻底改变了原来学校实验室设备落后于行业产业技术的现象。同时经过与企业实验室的共建、实验实训设备共同研制开发、工程实践项目的共同指导、学科竞赛的共同举办和教学资源的共同编著等,在产教融合协同育人等方面积累了丰富经验和改革成果,在人才培养改革实践过程中取得了重要成果。

本次编写的《"十三五"机电工程实践系列规划教材》是围绕机电工程训练体系四大部分内容而编排的,包括"机电工程基础实训系列"、"机电工程控制基础实训系列"、"机电工程综合实训系列"和"机电工程创新实训系列"等26册。其中"机电工程基础实训系列"包括《电工技术实验指导书》、《电子技术实验指导书》、《电工电子实训教程》、《机械工程基础训练教程(上)》和《机械工程基础训练教程(下)》等5册;"机电工程控制基础实训系列"包括《电气控制与PLC实训教程(西门子)》、《电气控制与PLC实训教程(三菱)》、《电气控制与PLC实训教程(台达)》、《电气控制与PLC实训教程(通用电气)》、《电气控制与PLC实训教程(罗克韦尔)》、《电气控制与PLC实训教程(施耐德电气)》、《单片机实训教程》、《检测技术实训教程》和《液压与气动控制技术实训教程》等9册;"机电工程综合实训系列"包括《数控系统PLC编程与实训教程(西门子)》、《数控系统PMC编程与实训教程(法那科)》、《数控系统PLC编程与实践训教程(三菱)》、《先进制造技术实训教程》、《快速成型制造实训教程》、《工业机器人编程与实训教程》和《智能自动化生产线实训教程》等7册;"机电工程创新实训系列"包括《机械创新综合设计与训练教程》、《电子系统综合设计与训练教程》、《自动化系统集成综合设计与训练教程》、《数控机床电气综合设计与训练教程》、《数字化设计与制造综合设计与训练教程》等 5 册。

该系列规划教材,既是学校深化实践教学改革的成效,也是学校教师与企业工程师共同开发的实践教学资源建设的经验总结,更是学校参加首批教育部"本科教学质量与教学改革工程"项目——"卓越工程师人才培养教育计划"、"CDIO工程教育模式改革研究与探索"和"国家级机电类人才培养模式创新实验区"工程实践教育改革的成果。该系列中的实验实训指导书和训练讲义经过了十年来的应用实践,在相关专业班级进行了应用实践与探索,成效显著。

该系列规划教材面向工程、重在实践、体现创新。在内容安排上既有基础实验实训、又有综合设计与集成应用项目训练,也有创新设计与综合工程实践项目应用;在项目的实施上采用国际化的 CDIO【Conceive(构思)、Design(设计)、Implement(实现)、Operate(运作)】工程教育的标准理念,"做中学、学中研、研中创"的方法,实现学做创一体化,使学生以主动的、实践的、课程之间有机联系的方式学习工程。通过基于这种系列化的项目教育和学习后,学生会在工程实践能力、团队合作能力、分析归纳能力、发现问题解决问题的能力、职业规划能力、信息获取能力以及创新创业能力等方面均得到锻炼和提高。

该系列规划教材的编写、出版得到了通用电气、三菱电机、西门子等多家企业的领导与工程师们的大力支持和帮助,出版社的领导、编辑也不辞辛劳、出谋划策,才能使该系列规划教材如期出版。该系列规划教材既可作为各高等院校电气工程类、自动化类、机械工程类等专业,相关高校工程训练中心或实训基地的实验实训教材,也可作为专业技术人员培训用参考资料。相信该系列规划教材的出版,一定会对高等学校工程实践教育和高素质创新人才的培养起到重要的推动作用。

教育部高等学校电气类教学指导委员会主任

胡敏强

2016.5 于南京

前　言

　　本书是在参照高等学校工科电工教材编审委员会审定的《电工技术教学大纲》的基础上,结合南京工程学院电工技术实验课程多年教学实践经验,并且参考多个兄弟院校有关资料后编写的。可以作为以培养应用型人才为主的高等学校本科电路原理或电工学的实验教材,也可作为高等工程专科学校电工技术的实验教材。

　　电工技术是一门集工程特点和实践于一体的课程,实验是该课程不可或缺的实践环节。加强实验技能的培养对于帮助学生学习基本理论、基本技能具有十分重要的作用。本书内容安排上依次为实验基本知识、直流电路实验、交流电路实验、交流电动机实验、常用电工测量仪器的使用。难易程度分为验证性、简单设计性和综合性三个层次。考虑到教学改革的需要,对原有的实验内容进行了一定改进,使本书具有如下特点:

　　(1) 保留了必要的验证理论性的部分实验。如元件伏安特性测试、基尔霍夫定律和叠加定理的验证、戴维南定理的验证等。也对原来的实验内容进行更新,使其更加精炼。这些实验验证了电路中一些基本的概念,同时在实验过程中要使用电工和电子测量中的部分基本仪器,运用一些基本测试方法,这些基本训练还是有必要的。

　　(2) 针对实验课程教学的特殊性,本书做了大胆改革,把有些实验内容进行了整合,改成四学时一个实验,可以安排半天时间进行实验,节省了过去两节课一个实验,学生每次需要熟悉仪器设备的时间,以及上完实验课又要赶去上其他课路途上消耗的时间。

　　(3) 引入 EDA 仿真实验技术和方法,通过仿真软件的介绍和使用,让学生了解仿真实验在电路设计中的应用。符合高等教育现代化的教育理念,适应了学科发展的需要。

　　本书由钱晓霞编写第1章、第2章、第3章的第1、3节内容;宋卫菊编写第3章的第2、第4～7节,第5章等内容;郑子超编写第4章以及附录1的内容;徐国峰编写附录2。全书由宋卫菊统稿,担任主编。本书在编写过程中得到了南京工程学院及工业中心相关领导、老师的大力支持和帮助,在此表示衷心的感谢。

　　由于我们水平有限,加之时间仓促,书中难免还有错误和不妥之处,恳请读者批评指正。

编　者

2016 年 3 月

目　　录

1 电工学实验基本知识

1.1 电工学实验须知

1.1.1 实验目的

理论教学和实验教学是对同一学科进行学习、研究的两个重要教学环节,即两者任务一致,只是教学手段不同而已。前者通过理论分析和科学计算对教学内容进行学习、研究;后者则通过科学实验和测试技术对教学内容进行学习、研究。

实验教学是高等教育中一个不可缺少的重要组成部分,是理论联系实际的重要手段,是培养学生严谨的科学态度,独立分析问题和解决问题能力的重要环节。通过必要的实验训练和实践技能的培养,使学生将理论与实践相结合,巩固课堂上所学的理论知识。通过实验培养有关电路连接、电工测量及故障排除等实验技巧,学会掌握常用仪器仪表的基本工作原理、使用与选择方法。在实验测量中学习数据的采集与处理、各种现象的观察与分析,培养实事求是、严肃认真、细致踏实的科学作风和良好的实验品质,为今后的专业实践与科学研究打下坚实的基础。

1.1.2 实验课程的要求

(1) 掌握常用电工测试工具(如万用表、电流表、电压表、功率表等常用的一些电工实验设备)的使用方法;初步掌握实验中用到的信号发生器、示波器、稳压电源、晶体管毫伏表等实验仪器以及实验板(箱)的使用方法。

(2) 根据各个实验的要求,学会按电路图连接实验线路和合理布线,要求做到连线正确、布局合理、测试方便,能够初步分析并排除一般故障。

(3) 能够认真观察实验现象,运用正确的实验手段,采集实验数据,绘制图表、曲线,科学地分析实验结果,正确书写实验报告。

(4) 正确地运用实验手段来验证一些定理和理论。

(5) 对设计性实验,要根据实验任务,在实验前确定实验方案、设计实验电路,实验验证时正确选择仪器、仪表、元器件,并能独立完成实验要求的内容。

(6) 为适应科学技术的高速发展,需在实训中掌握计算机辅助设计和计算机仿真软件,如 EWB(Electronics Workbench EDA)。

1.2 实验操作程序

实验课一般分为实验预习、实验过程、编写实验报告三个阶段。各阶段的具体要求有所不同。

1.2.1　实验预习

实验能否顺利进行和收到预期的效果,很大程度上取决于预习准备得是否充分。因此,课前预习一定要做到:

（1）认真阅读实验指导书和复习相关理论,明确实验的目的、内容,了解实验的基本原理以及实验的方法、步骤,清楚实验中要观察哪些现象,记录哪些数据。

（2）尽可能熟悉仪器、仪表、设备的工作原理和技术性能,以及正确使用的方法、条件,使用中应注意的问题。

（3）设计好实验待测数据的记录表格,并预先计算出待测量的理论数值。计算值既作为仪器、仪表量程选择的依据,又可在实验中与测量值进行比较。

（4）必须认真做好预习后,方可进入实验室进行实验,不预习者,不得进入实验室进行实验。

1.2.2　实验过程

实验课为每位学生提供了一个综合能力培养的机会,只要每个学生认真参与,按要求进行实验操作,则每次实验都会有收获。千万不要抄袭别人的数据和结论,简单走过场。如果一次实验没有成功,应该重做。

实验过程具体要做到:

（1）在预习的基础上认真听老师讲解,明确实验内容及方法,特别要注意测试条件及有关安全事项的讲解。自觉遵守实验室的规章制度,保持环境卫生,并注意人身及设备安全。

（2）使用仪器、仪表应先核对量程及技术指标,对各种可调电源应从最小值往上调。电子仪器(如示波器、函数信号发生器及交流毫伏表等)应先进行通电预热和检查。

（3）按本次实验的仪器设备清单清点设备,注意仪器设备类型、规格和数量,辅助设备是否齐全,同时了解设备的使用方法及注意事项。做好记录的准备工作。做好实验桌面的整洁工作,暂时不用的设备整齐地放在一边。

（4）按实验要求连接线路。接线时,按照电路图先接主要串联电路(由电源的一端开始,顺次而行,再回到电源的另一端),然后再连接分支电路,应尽量避免同一端上接很多导线。连线完毕后,经自查无误并请老师复查同意后,才能够合上电源开始实验。按照实验指导书上实验步骤进行操作,注意观察各表计指示是否正常,如果有异常应立即断电检查,待排除故障后重新继续实验。数据记录在事先准备好的统一的预习报告纸上,要尊重原始记录,实验后不得涂改。

结束工作:完成全部规定的实验内容,先不要急于拆除线路,而应先自行查核实验数据,再经老师复查记分后,方可进行下列结尾工作:

（1）切断电源,拆除实验线路。

（2）做好仪器设备、桌面和环境清洁整理工作。

（3）经教师同意后方可离开实验室。

1.2.3　编写实验报告

实验报告是实验工作的全面总结,是在实验的定性观察和定量测量后,对数据进行整理和分析,去伪存真、由此及彼地对实验现象和结果得出正确的理解和认识,这对提高学习能力和工作能力是十分重要的。实验报告的书写要求如下:

(1) 要用简明的形式将实验结果完整和认真地表达出来。报告要求文理通顺、简明扼要、字迹端正、图表清晰、结论正确、分析合理、讨论深入。

(2) 实验中的故障应有记录,并在报告中写明故障现象,分析产生的原因,以及排除的措施和方法。

(3) 当需要在报告中画波形图和曲线时,必须要选用统一要求的坐标纸,并且在图上要标出相应的数据。

1.2.4　实验报告格式

实验报告的格式和内容应包括以下几个方面:

1) 实验报告封面

实验名称	实验日期
实验组别	班级
实验者	学号
实验地点	指导教师

2) 实验报告内容

实验目的:在理论上验证定理、公式、算法,在实践上掌握使用实验设备的技能技巧和程序的调试方法。

实验器材:包括实验所需的仪器与仪表的名称、型号、规格和数量等。

实验原理:包括实验原理说明,电路原理图和相关公式等。

实验内容和步骤:包括具体实验内容与要求,实验电路图与实验接线图,主要步骤和数据记录表格。实验者可按实验指导书上的步骤编写,也可根据实验原理自行编写,但一定要按实际操作步骤详细如实地写出来。

实验数据及处理:根据实验原始记录和实验数据处理要求画出数据表格,整理实验数据。表中各项数据如果是直接得到,要注意有效数位;如果是计算所得,必须列出所用公式。

实验结论与分析:根据实验数据分析实验现象,对产生的误差,分析其原因,得出结论,并将原始数据或经过计算的数据整理为数据表,用坐标纸描绘波形或画出曲线。对实验中出现的问题进行讨论、总结,得出体会、建议和意见。

问题回答:包括预习当中遇到的问题及思考题。

学生在实验之后,应及时写好实验报告,记录实验中产生故障的情况,说明故障排除的方法,按指定时间准时交报告,否则不得进行下次实验。

1.3　实验的基本规则

1.3.1　学生实验守则

学生在实验前应仔细阅读实验守则,并严格执行。其内容如下:

（1）实验课前必须认真预习教程，写好预习报告，未预习者不得进行本次实验。

（2）实验室内要保持安静和整洁。

（3）遵守"先接线后通电，先断电后拆线"的操作程序；严禁带电操作，遇到事故应立即切断电源，并报告教师处理。

（4）接线完毕后要仔细检查并经教师复查，确认无误后才能接通电源；做完实验后，将数据整理后交教师检查，结果正常后方可拆除电路（一定要先断电后拆线），做好结束工作。

（5）爱护国家财产，实验中因违反操作规程损坏实验设备者按制度负责赔偿。

1.3.2　实验室安全用电规则

为了做好实验，确保人身和设备的安全，在做实验时，必须严格遵守下列安全用电规则：

（1）不得擅自接通电源。必须遵守"先接线后通电，先断电后拆线"的操作规程，接线、改线、拆线都必须在切断电源的情况下进行，实验过程中不得触及带电部分。

（2）接线完毕后，要认真复查，确认无误，并请指导教师检查后，须通知同组同学，方可接通电源。

（3）在电路通电的情况下，人体严禁接触电路中不绝缘的金属导线或连接点等裸露的带电部分，万一遇到触电事故，应立即切断电源，进行必要的处理。

（4）实验中，特别是设备刚投入运行时，要随时注意仪器设备的运行情况，如发现有超量程、发热、异味、异声、冒烟、火花等，应立即切断电源，并请指导教师检查，确认排除故障后方可投入使用。

（5）室内仪器设备不能随意搬动，非本次实验所用的仪器设备，未经教师允许不得动用。在没有弄懂仪器、仪表、设备及元器件的使用方法前，不得进行实验。若损坏仪器设备，必须立即报告指导教师，作书面检查，若为责任事故则要酌情赔偿。

（6）注意仪器仪表允许的安全电压（电流），切勿超限。当被测量的大小不能确定时，应从仪表的最大量程开始测试，然后逐渐减小量程，使之合适。

1.4　实验中的几个要注意的问题

1.4.1　线路的连接

合理布置仪器设备，使之便于操作、读数和接线。先把元件参数调到正确的数值，调压设备及电源设备应放在输出电压最小并断开电源的位置上，然后按电路图接线。接线应按照"先串后并"、"先主后辅"或"先分后合"等原则来进行，即接线次序应按照电路图，先接主要串联电路（从电源的一端开始，按顺序联接至电源的另一端），然后再联接分支电路。遇到较复杂的电路时，可将电路分成几个较简单的单元，分别联接好后再按电路结构将各单元电路相互联接起来。实验线路应力求接得简单、清楚，便于检查；走线要合理，线的长短选择适当，防止连线短路；线路联接处要牢固可靠，接线端子要相互紧密接触；要注意接线的联接片子不要都集中到一点上，特别是电表的接线端上非不得已不要接两根以上的导线；接线松紧要适当,线路中不允许出现没固定端钮的裸露接头。在通电的情况下,不得随意带电拔、插器件。

1.4.2 仪表的正确选择与使用

首先,根据被测量的电路类型和被测量的性质,合理地选择测量仪表的类型与规格;然后调整好电源电压、信号源的电压,使其极性和大小均符合实验要求;最后根据待测量的数值大小合理选择仪表的量程,以指针偏转大于满量程的$\frac{2}{3}$为合适,在同一量程时指针偏转越大越准确。

1.4.3 操作、观察和读数

操作时要做到:手合电源,眼观全局;先看现象,再读数据。实验时要注意观察现象,是否存在不正常现象,例如仪表有没有读数或有没有超出量程,并及时妥善检查处理;读数时,要注意姿势正确,要保持"眼、针、影"三点成一线。读数前,应该了解仪器仪表的量程与刻度值。读数时,当选择的仪表量程与表面刻度一致时,可以直读;若不一致时,应先按刻度数读出,然后按量程与刻度之间的倍数关系进行如下换算:

$$实际读数=\frac{使用量程}{刻度极限值}\times 指针指示数=K\times 指针指示数$$

式中:K——仪表在某量程时每一刻度(div)代表的数值。

读数时,要根据仪表的准确度等级,读出足够的有效数字位数,不能"少读"或"多读"。有关有效数字的表示及其运算规则如下:

1) 有效数字的概念

由于测量总存在误差,所以测量数据均用近似数表示,这就涉及到有效数字问题。有效数字位数越多,测量准确度越高。

在测量电压时,测量结果可以记为 5 mV,也可能记为 5.00 mV,从数值的观念来看,它们似乎没有区别,但从测量的意义看,它们有根本的不同。例如,用一块 50 V 的电压表(刻度每小格代表 1 V)测量电压时,指针指在 30 V 和 31 V 之间,可读为 30.5 V,其中数字"30"是准确可靠的,称为可靠数字,而最后一位"5"是估计出来的不可靠数字,两者结合起来称为有效数字。对于"30.5"这个数,有效数字是三位。如果将"30.5"读作"30.50",就没有意义了,因为小数点后的第二位也是估读数。可见,有效数的位数是和所使用的仪表精度有关的。

2) 有效数字的表示方法

(1) 用有效数字来表示测量结果时,可以从有效数字的位数估计出测量的误差,一般规定误差不超过有效数字末位单位的一半。记录测量数值时,只保留一位估读数字。

(2) 数字"0"可能是有效数字,也可能不是有效数字。例如,0.035 2 kV 前面的两个"0"不是有效数字,它的有效数字是后三位,0.035 2 kV 可以写成 35.2 V,它的有效数字仍然是三位,可见前面的两个"0"仅与所用的单位有关。又如"30.0"的有效数字是三位,后面的两个"0"都是有效数字。必须注意末位的"0"不能随意增减,它是由测量仪器的准确度来确定的。

(3)有效数字不能因选用的单位变化而变化,大数值与小数值都要用幂的乘积的形式来表示。例如,测得某电阻的阻值为 10 000 Ω,有效数字为三位时,则应记为 10.0×10^3 Ω 或 100×10^2 Ω。

(4)在计算中,常数(如 π、e 等)以及因子的有效数字的位数没有限制,需要几位就取几位。

(5)当有效数字位数确定以后,多余的位数应一律按四舍五入的规则舍去,称之为有效数字的修约。

3)有效数字的运算规则

(1)加减运算:参加运算的各数所保留的位数,一般应与各数小数点后位数最少的相同。

(2)乘除运算:各因子及计算结果所保留的位数以百分误差最大或有效数字位数最少的项为准,不考虑小数点的位置。

(3)乘方及开方运算:运算结果比原数多保留一位有效数字。

(4)对数运算:取对数前后的有效数字位数应相等。

1.4.4 测量结果的处理

实验测量所得到的结果,经过有效数字修约、有效数字运算等处理后,有时仍不能看出实验规律或结果,这时,必须对这些实验数据进行整理、计算和分析,才能从中找出实验规律,得出实验结果,这个过程称为实验数据处理。实验数据处理的方法很多,下面仅介绍几种电路实验中常用的实验数据处理方法。

1)测量结果的列表处理

列表处理就是将实验中直接测量、间接测量和计算过程中的数值按一定的形式和顺序列成表格。这种方法简单易行,便于比较和分析,容易发现问题和找出各电量之间的相互关系和变化规律等。但在应用此方法时,表中所用到的符号和单位等必须交代清楚,有效数字位数要正确,表格的设计要合理。

2)测量结果的曲线处理

实验测量结果也常用曲线来表示。对需用曲线来表示的测量结果,在撰写实验报告时需要将测量结果绘制在坐标纸上,这也是实验的一项基本技能。用实验曲线来表示测量结果其特点是直观明了,便于相互比较。

首先应根据被测量的特性选择合适的坐标。常用的坐标系有:直角坐标(笛卡儿坐标)、半对数坐标、全对数坐标和极坐标等。然后,根据所选坐标选择相应的图纸及合适的比例尺。再按照一定的法则(如分组平均法)做出拟合曲线。

绘制实验曲线时应注意以下几个问题:

(1)为了便于绘制曲线,首先应将实验数据列成数表,使各数据点大体上沿曲线均匀分布。在曲线斜率大和重要点之处,数据的间隔点应加密一些,以便能更确切地显示出曲线的变化细节。

(2) 选择适当的坐标系并标出数据点。当把多种数据在同一图上进行表示时,应使用不同的标记表示。

(3) 画曲线时,由于实际测量数据存在误差,通常不直接把各数据点连成一条波折线,而是应该运用有关的误差理论,做出一条尽可能靠近各数据点而又相对平滑的拟合曲线。

(4) 对于曲线的重要点应特别加以注意。如在极值附近,测点需更细密,应尽可能测出真正的极值。若发现个别不合规律的数据点,一般应在该点附近补做几次测量。

(5) 坐标的比例尺不必相同,也不一定从坐标原点开始。当坐标变量变化范围很宽时,可采取对数坐标以压缩图幅,这是在电路实验中用的较多的一种坐标。

(6) 当数据离散程度大时,常采用的方法为:首先,按 x 坐标把数据分为若干组,求出每组中的平均值,然后连接每组的平均值做出曲线。

3) 测量结果的图示处理

图示处理是在用图示法画出两个电量之间的关系曲线的基础上,进一步利用解析法求出其他未知量的方法。许多电量之间的关系并非是线性的,但可以通过适当的函数变换或坐标变换使其成为线性关系,即把曲线改成直线,然后再用图解法求出其中的未知量。

1.5 常见故障的分析与检查

1.5.1 常见故障

电路实验的类型较多,产生故障的原因与故障的表象也各不相同,所以对其不能一概而论,常见的有:测试设备故障;电路元器件故障;接触不良故障;人为故障;各种干扰引起的故障等。

1.5.2 检查故障的基本方法

1) 出现故障现象时首先应立即切断电源,关闭所有仪器设备,避免故障的进一步扩大

2) 采用直观检查法来判断实验故障性质

要准确判断发生的实验故障的性质,应了解不同的故障类型所表现出来的不同现象:

(1) 破坏性故障:其现象为出现元器件发热、冒烟、烧焦味及爆炸声等。

(2) 非破坏性故障:其现象为实验电路不工作。即电流表、电压表无读数、指示,灯不亮,或电流、电压的波形不正常等。

因此,应用直观法观察实际操作时出现的实验故障现象可对故障性质做出初步判断。

3) 对非破坏性故障的检查方法

(1) 若电路不工作,则应首先检查供电系统,包括:检查电源插头或接线处接触是否良

好、电源线是否断线、保险丝是否熔断等。

（2）测量阻值法。仔细检查电路的全部接线是否正确,并可采用测量阻值法检查电路整体是否存在短路或断路故障,即在断开电源的情况下,用万用表欧姆挡测量电路输入端口及输出端口的电阻值,以防输入端口短路将直流稳压电源烧坏,或因输出端短路烧坏实验电路元件。

（3）通电测试法。在确认电源系统正常且实验电路内部不存在短路故障后,可采用通电测试法。即接通电源,使用电压表逐点检查测量电路各部分的电压是否正常,并将各点所测得的电压与正常值相比较,分析故障电压和故障原因;有些电路也可以采用波形显示法,即用示波器观察电路各处波形是否正常等,采用此法的前提是明确电路各处的电压、电流的正常工作值及波形情况。

（4）从电源端开始,逐点检查逐步缩小故障可能的范围,直到查出故障所在之处或故障元件为止。

　4）对破坏性故障的检查方法

（1）直观检查法。首先切断电源,仔细检查实验电路的全部接线是否正确,电路有无损坏现象,主要表现有:元器件有无变色、冒烟、烧焦味,半导体器件外壳是否过热等,以此来确定故障点或故障元件。

（2）判断确定故障部位。通过对照电路接线图,掌握各部分的工作原理和相互联系;然后,根据出现的故障现象,分析故障可能发生在哪一处,应用万用表的欧姆挡检查电路的通断情况,判断有无短路、断路或阻值不正常等情况。

　5）对不易测试判断有无故障的元器件的检查方法

在检查确定了电路其他部分均正常后,对可能存在故障的元器件,可用同型号（或技术参数接近的同类器件）正常的元器件来更换,若更换后电路恢复正常工作,则说明原来的元器件存在故障。对于故障元器件,在更换前,必须认真分析其损坏的原因,以防止更换后再次造成元器件的损坏。

1.5.3　产生故障的原因

产生故障的原因有多种,可归纳如下:

（1）电源接线接触不良,输出电压为零。

（2）电路连接不正确（例如,少接一根导线,电路未通）,或电路接线接触不良,导线或元器件引脚存在短路或断路。

（3）元器件或导线的裸露部分相碰造成短路。

（4）仪器仪表或元器件本身存在质量问题或已损坏。

（5）元器件的参数不合适或引脚端接错。

（6）测试条件错误。

（7）仪表的型号规格错误（例如用交流电流表来测量直流电流）。

（8）保险丝已熔断。

（9）电路或元器件的焊接点已脱焊。

1.6 电工测量基本知识

1.6.1 电工仪表的分类

电工测量仪表的种类繁多,分类方法也不相同。按仪表的结构和用途常可分为三种:

（1）电测量指示仪表

电工测量仪表中,凡利用电磁力使其机械部分动作,并用指针或光标在刻度盘上指示出被测量值大小的仪表就称作电测量指示仪表。指示式仪表直接由仪表指示的读数来确定被测量的大小,这是应用最为广泛的一种电测量仪表,属于直读式仪表。

（2）比较式仪表

比较式仪表是将被测量与相应的标准量进行比较的仪表。其特点是灵敏度和准确度都很高,一般用于高精度测量或校对指示式仪表。

（3）其他电测量仪表

常见的电测量仪表还有数字式仪表、记录式仪表及用来扩大仪表量程装置的仪表。

1.6.2 电工仪表的误差和准确度

在测量中,由于测量仪器的准确度有限,测量方法的不完善以及各种因素的影响,实验中测得的值和它的真值不相同,即表现为误差。我们应分析误差产生的原因,认识测量误差的规律,合理选择测量仪器和测量方法,力求减小测量误差。

1）测量误差的来源

（1）仪器误差

这是由于测量仪器本身及其附近的电器和机械性能不完善所产生的误差。指示值实际上是被测量值的近似值,该误差为仪器所固有的。仪器、仪表的零点漂移、刻度不准确和非线性等引起的误差以及数字式仪表的量化误差。

（2）使用误差

又称操作误差,是指在使用仪器过程中,因安装、调试和使用不当等引起的误差。

（3）人身误差

它是由于人的感觉器官和运动器官的限制所造成的误差。如读错数字、操作不当等。

（4）环境误差

这是由于环境影响所造成的附加误差。如温度、湿度、振动、电磁场等各种环境因素。

（5）方法误差

又称理论误差,是由于使用的测量方法不完善和测量所依据的理论本身不严密所引起的误差。如用低内阻的万用表测量高内阻电路的电压时所引起的误差。

2）测量误差的分类

误差的分类有许多,一般情况下常用的测量误差分类如表1.1所示。

表 1.1　测量误差的分类

按表示方式	按来源	按性质
相对误差	工具误差	系统误差
绝对误差	使用误差	随机误差
引用误差	人身误差	过失误差
分贝误差	环境误差	
	方法误差	

（1）系统误差。在相同条件下重复测量同一量值时，误差的大小和符号保持不变，或在条件改变时，按某一确定的规律变化的误差。引起系统误差的原因有仪器误差、方法误差、人员误差和操作误差等。系统误差决定了测量的准确度。在一次测量中，如果系统误差很小，那么测量结果就可以很准确。系统误差一般通过实验或分析方法，查明其变化规律及产生原因后，可以减少或消除。

（2）随机误差。相同的条件下多次测量同一量值时，误差的大小和符号无规律的变化，无法事先预定。随机误差也称偶然误差，主要是由于外部变化，例如电源、磁场、气压、温度及湿度等一些互不相关的独立因素的变化所造成的。

（3）过失误差。由于测量人员对仪器不了解、粗心，导致读数不准确引起的误差，测量条件的变化也会引起过失误差。含有过失误差的测量值称为坏值或异常值，必须根据统计检验方法的某些准则去判断哪些测量值是坏值，然后去除。过失误差是测量中必须全力避免的。

　3）测量误差的处理
系统误差将直接影响测量的准确性，为了减小或消除系统误差，通常采用如下方法。

（1）校正法。定期对仪器进行校定，并确定校正值的大小，检查各种外界因素对仪器的影响，做出各种校正公式、校正曲线或图表，用它们对测量结果进行校正，以提高测量结果的准确度。

（2）替代法。替代法被广泛应用在测量元件参数上，在实验中使用较少。

（3）正负误差相消法。进行正反两次位置变换的测量，然后将测量结果取平均值。这种方法可以消除外磁场对仪表的影响。

（4）正确使用仪表。包括合理地选择仪表的量程，尽可能使仪表读数接近满偏位置；选择科学的测试方法；严格按照仪器仪表操作规程来使用以及正确合理地读数等。

（5）取算术平均值。多次测量，防止测量仪器仪表和人为因素的偶发性差错。

随机误差只有在进行精密测量时才能发现它。在一般测量中由于仪器仪表读数装置的精度不够，则其随机误差往往被系统误差埋没不易被发现。因此，首先应检查和减小系统误差，然后再消除和减小随机误差。随机误差是符合概率统计规律的，故可以对它作如下处理：

（1）采用算术平均值计算。

（2）采用均方根误差或标准偏差来计算。

过失误差是应该避免的。为了发现和排除过失误差，除了测量者认真仔细以外，还可以注意做好以下工作：

（1）在实际测量之前认真地预习，掌握所用仪器仪表的使用方法。

（2）对被测量对象进行多次测量，避免单次测量失误。

（3）在改变测量方法或测量仪表后测量同一量值。

4）测量误差的表示方法

测量误差的表示方法有多种，最常用的是绝对误差和相对误差。

（1）绝对误差

绝对误差是被测量的测量值与其真值之差，也称为真误差。可表示如下：

$$\Delta X = X - X_0$$

式中：X——被测量的测定值；

X_0——被测量的真值；

ΔX——测量的绝对误差。

真值是客观存在，但由于人们对客观事物认识的局限性，使测定值只能越来越接近真值。在实验室条件下，常用比被检查仪器的精度高 1～2 级的计量仪器的示值作为被检查仪器的真值。

在高准确度的仪器中，常给出校正曲线，因此当知道了测定值 X 之后，通过校正曲线，便可以求出被测量值的实际真值。

（2）相对误差

绝对误差的不足之处在于它不能确切地反映出测量值的准确程度。例如测量 100 mA 的电流时绝对误差为 1 mA，测量 10 mA 的电流时绝对误差也是 1 mA，虽然两次测量的绝对误差都是 1 mA，但实际上第一次测量的结果较准确，因为误差仅为 1％，而第二次测量的误差为 10％。相对误差的定义为：测量的绝对误差与实际真值的比值，可表示如下：

$$\gamma = \frac{\Delta X}{X_0} \times 100\%$$

（3）引用误差

引用误差是一种简化的实用方便的相对误差的表现形式，常在多挡和连续刻度的仪器和仪表中应用。这类仪表的可测范围不是一个点，而是一个量程。为了计算和划分准确度等级的方便，通常取该仪器仪表量程中的测量上限（满刻度值）作为分母。绝对误差与测量仪器量程（满刻度值）的百分比称为引用误差，即

$$\gamma_N = \frac{\Delta X}{X_m} \times 100\%$$

式中，γ_N——引用误差；

X_m——测量仪表的量程。

5）仪表的准确度 K

仪表的准确度 K 可表示如下：

$$\pm K = \frac{\Delta X_m}{X_m} \times 100\%$$

式中：ΔX_m——仪表在整个测量范围内（量程）的最大绝对误差，即仪表指示值与被测量实际值之差的最大值；

X_m——仪表的最大测量范围（量程）；

K——准确度等级，它反映仪表在规定的工作条件下，由于制造工艺的限制，仪表本身所固有基本误差。

电工仪表的准确度有0.1、0.2、0.5、1.0、1.5、2.5和5.0等七级。一般0.1和0.2级仪表用作标准仪表;0.5～1.5级仪表用于实验实训测量;1.5～5.0级仪表用于工程测量(见表1.2)。

表 1.2　仪表准确度与基本误差

准确度等级	0.1	0.2	0.5	1.0	1.5	2.5	5.0
基本误差(%)	±0.1	±0.2	±0.5	±1.0	±1.5	±2.5	±5.0

6) 常用指示式仪表

按被测电量的性质分,常用指示式仪表有电流表、电压表、功率表、电度表、欧姆表、相位表以及其他多用途的仪表,例如万用表等;按内部机械测量机构的结构和工作原理分,有磁电系、电磁系、电动系、感应系、静电系等类型;按被测量的种类分,有直流仪表、交流仪表和交直流两用仪表。

1.7　指示式仪表的正确使用

1.7.1　指示式仪表量程的选择

选择合适的仪表量程,可得到较高的测量精度。仪表量程的选择应根据测量值的可能范围来确定。被测量值范围较小时,应选用较小的量程,如选量程太大,则测量结果误差就较大。下面以一个例子来说明选择合适量程的重要性。有两只毫安表,量程分别为 $I_{1m}=200\ mA$ 和 $I_{2m}=50\ mA$,两表准确度等级均为 1.0 级,均用来测量 40 mA 的电流,则对于量程为 200 mA 的毫安表,可能产生的最大绝对误差 ΔI_{1m} 和最大相对误差 γ_{1max} 分别为:

$$\Delta I_{1m}=\pm 1.0\% \times 200=\pm 2.0(mA)$$

$$\gamma_{1max}=\frac{\pm 2.0}{40}\times 100\%=\pm 5.0\%$$

对于量程为 50 mA 的毫安表,可能产生的最大绝对误差 ΔI_{2m} 和最大相对误差 γ_{2max} 为:

$$\Delta I_{2m}=\pm 1.0\% \times 50=\pm 0.5(mA)$$

$$\gamma_{2max}=\frac{\pm 0.5}{40}\times 100\%=\pm 1.25\%$$

由此可以看出,用 200 mA 的毫安表测 40 mA 电流比用 50 mA 的毫安表所测得的结果具有更大的最大相对误差。对于同一只仪表,被测量值越小,其测量时准确性就越低。例如在正常情况下用0.5级量程为 10 A 的安培表来测量 8 A 电流时,可能产生的最大相对误差 γ_{3max} 为:

$$\gamma_{3max}=\frac{\pm 0.5\% \times 10}{8 \times 100}\times 100\%=\pm 0.625\%$$

而用它来测量 1 A 电流时,可能产生的最大相对误差 γ_{4max} 为:

$$\gamma_{4max}=\frac{\pm 0.5\% \times 10}{1 \times 100}\times 100\%=\pm 5\%$$

因此在选择量程时,应尽量使被测量的值接近于满标值。但另一方面,也要防止超出满标值而使仪表受损。因此可取被测量值为满标值的 $\frac{2}{3}$ 左右，最少也应使被测量的值超过满标值的一半。当被测电流大小无法估计时，可用多量程仪表，先使用大量程挡，然后根据仪表的指示调整量程，使其达到合适的量程挡。

1.7.2　常用指示仪表盘的符号

常用符号如表 1.3 所示。

表 1.3　常用指示仪表盘的符号

符　号	名　称	符　号	名　称
测量单位的符号		测量单位的符号	
A mA μA kV V mV kW W kvar var kHz	安培 毫安 微安 千伏 伏特 毫伏 千瓦 瓦特 千乏 乏 千赫	Hz MΩ kΩ Ω cosϕ	赫兹 兆欧 千欧 欧姆 功率因数
		电表工作原理的符号	
		⊓	磁电系仪表
		≋	电磁系仪表
		⊟	电动系仪表
绝缘强度的符号		准确度等级符号	
☆0	不进行绝缘强度试验	(1.5)	以指示值的百分数表示的准确度等级，例如1.5级
☆	绝缘强度试验电压为 500 V	工作位置的符号	
☆2	绝缘强度试验电压为 2 kV	⊥	标度尺位置为垂直
端钮、转换开关、调零器和止动器的符号		▢	标度尺位置为水平
+	正端钮	工作位置的符号	
－	负端钮	∕60°	标度尺位置与水平面倾斜成一角度，例如 60°
*	公共端钮（多量程和复用电表）	电表按外界条件分组的符号	
～	交流端钮	⊓	Ⅰ级防外磁场（例如磁电系）
⏚	接地用端钮（螺钉或螺杆）	⟂	Ⅰ级防外电场（例如静电系）
⌒	调零器	Ⅱ　　Ⅱ	Ⅱ级防外磁场及电场
止	止动器		
↑	止动方向		
电流种类及不同额定值标注符号			

续表 1.3

符　号	名　称	符　号		名　称
——	直流	Ⅲ	Ⅲ	Ⅲ级防水磁场及电场
∼	交流（单相）	Ⅳ	Ⅳ	Ⅳ级防外磁场及电场
≃	直流和交流	不标注		A组仪表（工作环境温度为 0～＋40 ℃）
≋	三相交流			
准确度等级的符号		Ⓑ		B组仪表（工作环境温度为－20～＋50 ℃）
1.5	以标尺量限百分数表示的准确度等级,例如 1.5 级	Ⓒ		C组仪表（工作环境温度为－40～＋60 ℃）
⩗1.5	以标尺长度百分数表示的准确度等级,例如 1.5 级			

1.7.3　指示式仪表的正确使用

指示式仪表在使用时必须严格按照仪表的使用要求去使用,如环境、位置的选择应符合要求,量程选择合理。测量时必须注意正确读数,在读取仪表的指示值时,应使视线垂直于仪表标尺平面;如果仪表标尺上带有镜子的话,读数时应使指针盖住镜子中的指针影子,这样可减小读数误差。

电子仪器"接地"与"共地"是抑制干扰、确保人身和设备安全的重要技术措施。所谓"地"可以是大地,电子仪器往往是以地球的电位作为基准,即以大地作为零电位,电路图中以符号"⏚"表示;"地"也可以是以电路系统中某一点电位为基准,即设该点为相对零电位,如电子电路中往往以设备的金属底座、机架、外壳或公共导线作为零电位,即"地"电位,电路图中以符号"⊥"表示,这种"地"电位不一定与大地等电位。

1）接地问题

"接地"通常是指电子仪器相对零电位点接大地。一台仪器或一个测试系统都存在接地问题。

为防止雷击可能造成的设备损坏和人身危险,电子仪器的外壳通常应接大地,而且接地电阻越小越好（一般应在 100 Ω 以下）。

使用电子电压表和示波器等高灵敏度、高输入阻抗仪器,若仪器外壳未接地,当人手或金属物触及高电位端时,会使仪器的指示电表严重过负荷,可能损坏仪表。

图 1.7.1 中,电源变压器 T 的原线圈与铁芯及机壳之间的绝缘电阻并非无穷大,而且还存在分布电容。因此,当人手触及仪器的输入端时,就有一部分漏电流自交流电源的火线,经变压器原边绕组与机壳之间的绝缘电阻和分相电容到达机壳,再通过仪器的输入电阻 R_i 到达输入端（即高电位端）,而后通过人体电阻到大地而形成回路。由于 R_i 高,则压降很大,常可达数十伏或更高,这就相当于在仪器的输入端加了一个很大的输入信号,如果这时仪器（如电压表）处在高灵敏度量程上（如 1 mV 挡）,必然产生过负荷现象,可能损坏仪表。同理,在仪器输入端接被测电路时。输入电阻 R_i 上既有被测信号压降,又有电源干扰信号压降,会造成仪器工作不稳定和较大的测量误差。

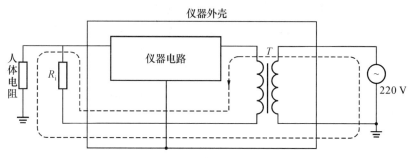

图 1.7.1　仪器外壳未接地造成过负荷现象示意图

如果仪器外壳接大地,则漏电流自电源经变压器和机壳到大地形成回路,而不流经仪器的输入电阻,上述影响就消除了。

2) 共地问题

"共地"即各台电子仪器及被测装置的地端,按照信号输入、输出的顺序可靠地连接在一起(要求接线电阻和接触电阻越小越好)。电子测量与电工测量所用仪器、仪表有所不同。从测量输入端与大地的关系看,电工测量仪表两个输入端均与大地无关,即所谓的"浮地"测量,对大地是"悬浮"的,称为"平衡输入"式仪表,例如万用表。当用万用表测量 50 Hz 交流电压时,它的两个测试表笔可以互换测量点,而不会影响测量结果。在电子测量中,由于被测电路工作频率高、线路阻抗大、功率低(或信号弱),所以抗干扰能力差。为了排除干扰,提高测量精度,所以大多数电子测量仪器采用单端输入(输出)方式,即仪器的两个输入端中,总有一个与相对零电位点(如机壳)相连,两个测试输入端一般不能互换测量点,称为"不平衡输入"式仪器。测试系统中这种"不平衡输入"式仪器的接地端(⊥)必须相连在一起。否则,将引入外界干扰,导致测量误差增大。特别是当各测试仪器的外壳通过电源插头接大地时,若未"共地",会造成被测信号短路或毁坏被测电路元器件。

总之,电子测试系统中各仪器应该"接地"又"共地",这样既能够消除工频干扰,又能够抑制其他外界干扰。

1.8　基本电量的测量

1.8.1　电流的测量

1) 直流电流的测量

测量直流电流一般用磁电式仪表。测量时电流表必须串联在电路中,因为电流表内阻很小,如果不慎把电流表并接在负载两端,电流表将因流过很大的电流而烧毁。此外,必须注意接线端子处的"+""—"号,标有"+"号的接线端为电流流入端,标有"—"号的接线端为电流流出端。

电流表表头允许流过的电流都很小,一般在几十 μA 到几十 mA 范围内。测量大电流时都采用分流的方法,分流电阻有内附和外接两种。较大的分流器采用外接方式。内附方式中,有些电流表的正端有好几个接线端钮,分别用于测量不同量程的电流,也有些电流表采用插拔铜塞的方法选用量程,选用时要注意铜塞的位置。变换量程必须在仪表不通电的前提下进行。为防烧坏电流表,也可以用一根短路线把电流表两接线端钮短接后再改变量程,操作完成后再去除短路线,然后再读取测量值。

　　2) 交流电流的测量

　　测量交流电流一般用电磁式仪表,若进行精密测量则使用电动式仪表。由于仪表线圈绕组既有电阻又有电感,若用并联分流器的方法扩大量程,分流器很难做到与线圈配合准确,因此一般不采用并联分流器的方法,而是把固定线圈分成几段,用线圈绕组的串并联方式来改变量程。当被测电流很大时,用电流互感器作电流变换,以此扩大电流表量程。电流表的端子分为零线端和相线(俗称火线)端。另外由于电磁式或电动式仪表指针偏转角度与电流的平方成正比,所以仪表面板刻度是不均匀的,只有当偏转角度较大时读数才能准确。

　　实际操作中要特别注意,电流表(钳形电流表除外)是串联在电路中的,绝不能和被测电路并联,否则,由于其内阻很小,将有很大的电流流经电流表而烧毁电流表。

1.8.2　电压的测量

　　测量直流电压时,常用磁电式电压表。测量交流电压时,常用电磁式电压表。在测量电压时,应把电压表并联在被测负载的两端。为了使电压表并入后不影响电路原来的工作状态,要求电压表的内阻远大于被测负载的电阻。一般测量机构本身的电阻不是很大,所以在电压表内串有阻值很大的附加电阻。在测量直流高压时都采用串接电阻的方法扩大量程。而测量交流高压时,一般通过电压互感器把电压降低后再测量。

　　直流电压表是有正负极性的,测量时,还必须注意极性,不能接反。

　　此外,还可用示波器测量法。用示波器测量电压最主要的特点是能够正确地测定波形的峰值及波形各部分的大小,因此在需要测量某些非正弦波形的峰值或某部分波形的大小时,就必须用示波器进行测量了。

　　双踪示波器使用前,首先要校准信号,校准各挡灵敏度;然后,将被测信号接入 Y 输入端;从示波器荧光屏上直接读出被测电压波形的高度(DIV 格数),则被测电压幅值＝灵敏度(V/DIV)×高度(DIV)。

　　用示波器测幅值时要注意的是,被测信号必须从直流输入端接入,否则将会造成信号的直流成分被滤去,只剩下交流成分,而使结果不符合实际值。

1.8.3　功率的测量

　　电路的功率与电压和电流的乘积有关,所以用来测量功率的仪表要有两个线圈分别反映负载电压和电流,因此测量功率常用电动式仪表。

　　1) 直流电路和单相交流电路功率的测量

　　在直流电路中,功率 $P=UI$,直流电路和电阻负载($\cos\phi=1$)的单相交流电路,可以直接用伏特表和安培表测出电压和电流,两者相乘即得出功率值,但应考虑伏特表和安培表的接法,以减小误差,必要时应根据表的内阻,将测量结果加以修正,以消除误差。

　　在单相交流电路中,$P=UI\cos\phi$,因此功率表上有 4 个端钮,其中电压端钮应并联在负载两端以反映电压,而电流端钮应串联在负载中以反映电流,功率表表面按功率值来刻度。

2) 三相功率的测量

(1) 一表法测三相对称负载功率。在对称三相负载系统中,可用一只功率表测量其中一相负载功率,三相功率等于功率表读数乘 3。如三相负载不对称,可用三只功率表去分别测量,即为三表法,如图 1.8.1 所示。

(2) 二表法测三相三线制的功率。二表法适用于三相三线制,不论对称与否都可以使用,其接线方法如图 1.8.2 所示。其特点是两功率表的电流线圈串入任意两根传输导线("＊"或"±"端接电源侧)。电压线圈的对应端与电流线圈相连接,电压线圈的另一端应与没有电流线圈串入的那根传输线相接。

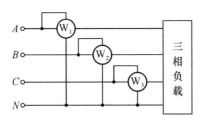

图 1.8.1　三表法测三相功率接线图

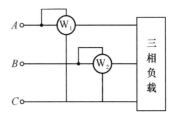

图 1.8.2　二表法测三相功率接线图

可以证明两只功率表读数 P_1、P_2 之和恰好等于三相交流总功率。设负载为星形无中线,每只功率表所测电压为线电压,电流为线电流,功率表读数为:

$$P_1 = U_{AC} I_A \cos\phi_1$$
$$P_2 = U_{BC} I_B \cos\phi_2$$

式中:ϕ_1——线电压 U_{AC} 与线电流 I_A 的相位差角;

ϕ_2——线电压 U_{BC} 与线电流 I_B 的相位差角。

功率表 W_1、W_2 所反映的瞬时功率分别为:

$$p_1 = u_{AC} \times i_A$$
$$p_2 = u_{BC} \times i_B$$

对于星型接法的负载,则:

$$u_{AC} = u_A - u_C$$
$$u_{BC} = u_B - u_C$$

$$\sum p = p_1 + p_2 = u_{AC} \times i_A + u_{BC} \times i_B$$
$$= (u_A - u_C)i_A + (u_B - u_C)i_B$$
$$= u_A i_A + u_B i_B - (i_A + i_B)u_C$$

对于三相三线制 $i_A + i_B + i_C = 0$,故

$$\sum p = u_A i_A + u_B i_B + u_C i_C$$
$$= p_A + p_B + p_C$$

上式表明,两功率表对应的瞬时功率之和,等于三相总的瞬时功率之和。功率表测得的是功率平均值:

$$\sum p = \frac{1}{T} \int_0^T (p_A + p_B + p_C) \mathrm{d}t$$

$$= \frac{1}{T} \int_0^T (p_1 + p_2) \mathrm{d}t$$

$$= \frac{1}{T} \int_0^T (u_{AB} i_A + u_{BC} i_B) \mathrm{d}t$$

$$= U_{AB} I_A \cos\alpha_1 + U_{BC} I_B \cos\alpha_2$$

上式也说明只要是三相三线制,不论负载是否对称,三相总功率都可以用二表法测得,其值为两表读数的代数和。

1.8.4 电阻的测量

1)普通电阻的测量

所谓普通电阻指中等数值的电阻,即其值在 $1 \sim 10^5$ Ω 范围,这种电阻的测量可以不必考虑接触电阻的影响和漏电流的影响,是最一般的情况。可以用下述一些方法测量。

(1)用电压表和电流表测量:将被测电阻接到直流电源,用电压表、电流表分别测出它的电压和电流,即可算出电阻值

$$R_x = \frac{U}{I}$$

这种方法应考虑电压表和电流表的接法,测量准确度较低,最多可得到三位有效数字。

(2)用欧姆表测量:单独的欧姆表较少见,多是在万用表中有欧姆挡。利用欧姆表测电阻可以从指针的偏转直接读出数值,是最方便的方法,但它的准确度低,误差可达标尺长度的 2.5%。使用欧姆表应选择合适的量程,以使指针偏转在中间位置较好。测量前必须注意调零。

(3)用直流单电桥测量:直流单电桥的准确度很高,所以是测量普通电阻最主要的方法。但使用方法较复杂,最多可读出五位有效数字。

当然,还有一些其他方法,但通常只在特殊情况应用,这里就不再赘述。

2)小电阻的测量

小电阻是指 1 Ω 以下的电阻,例如导线电阻、金属材料电阻、电流表电阻等。由于被测电阻很小,测量时联接导线电阻和接头处接触电阻都可能造成误差,应设法避免。测量小电阻可以用双电桥,由于在双电桥中被测电阻是采用两对接头(一对电流接头,一对电位接头),可以避免接触电阻和联线电阻造成的误差,其测量准确度高。

3)大电阻的测量

大电阻指 10^5 Ω 以上的电阻,主要是绝缘材料的电阻。由于被测电阻很大,通过它的电流非常小,测量时漏电流可能造成误差,必须注意避免。测量时,可用电压表加检流计测量,或用兆欧表测量。兆欧表的原理与欧姆表类似,为了适于测大电阻,它的电源不是电池而是手摇直流发电机,它的优点是可以直接得出结果,携带方便,因此常使用它。但其测量范围有限,太大的电阻就需用其他方法了。

2 直流电路实验

2.1 元件伏安特性及电位测量

2.1.1 实验目的

（1）学习测量线性和非线性定常电阻伏安特性的方法。

（2）加深对线性元件的特性满足可加性和齐次性的理解。

（3）学习用图解法做出线性电阻的串并联特性。

（4）研究实际独立电源的外特性。

（5）掌握测量电路各点电位的方法，并通过电路各点的测量，加深对电位与电压间关系的理解。

（6）学会直流稳压电源和直流电压表、电流表的使用方法。

2.1.2 实验原理

1）电阻的伏安特性

线性定常电阻的特性曲线是由 $u\text{-}i$ 平面（或 $i\text{-}u$ 平面）上的一条通过原点（零点）的直线来表示，如图 2.1.1(a) 所示。非线性定常电阻的特性曲线则是由 $u\text{-}i$ 平面上的一条曲线来表示。

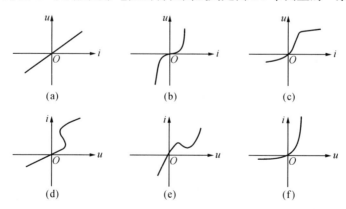

图 2.1.1　电阻的伏安特性曲线

非线性电阻可分双向型（对称原点）和单向型（不对称原点）两类。如图 2.1.1(b)、(c)、(d)、(e)、(f) 所示分别为钨丝电阻（灯泡）、稳压管、充气二极管、隧道二极管和普通二极管的 $u\text{-}i$ 特性曲线。

图 2.1.1(c)、(d) 为电流控制型非线性电阻的特性曲线，图 2.1.1(e) 为电压控制型非线

性电阻的特性曲线,图2.1.1(b)、(f)为单调型非线性电阻的特性曲线。

非线性电阻种类很多,它们的特性各异,被广泛应用在工程检测(传感器)、保护和控制电路中。

2)电阻伏安特性的测量

电阻的伏安特性可以通过在电阻上施加电压,测量电阻中的电流而获得,如图2.1.2所示。在测量过程中,只使用电压表(伏特表)、电流表(安培表),此方法称为伏安法。伏安法的最大优点是不仅能测量线性电阻的伏安特性,而且能测量非线性电阻的伏安特性。由于电压表的内阻不是无限大,电流表的内阻不为零,因此当仪表接入电路中,总会使原电路发生改变,引起测量误差,这种由于测量方法

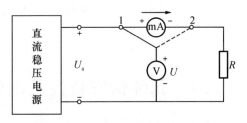

图 2.1.2　测量电阻伏安特性的电路

不完善而产生的误差称为方法误差。减小方法误差的方法是根据被测元件电阻的大小,正确地选择前接法或后接法的仪表连接形式。

(1)前接法

如图2.1.2所示,电压表正极接至点1,从电源端看,电压表接在电流表之前,故称为前接法。在前接法下,电压表所测的电压包括电流表内阻R_A上的压降,所产生的方法误差为:

$$\gamma_A = \frac{R_A}{R} \times 100\%$$

式中:R_A——电流表的内阻;

R——被测电阻的阻值。

可见,当$R \gg R_A$时,其方法误差就很小,所以前接法适用于测量大电阻。

(2)后接法

如图2.1.2所示,将电压表正极由接至1改为接至2,即为后接法。由于电流表测量的电流包含电压表中所流过的电流,此连接方法所产生的方法误差为:

$$\gamma_V = -\frac{R}{R+R_V} \times 100\%$$

式中:R_V——电压表的内阻。

可见,当$R_V \gg R$时,其方法误差就很小,所以后接法适用于测量阻值小的电阻。

3)电阻端电压及电流特性

线性定常电阻的端电压$u(t)$与其电流$i(t)$之间关系符合欧姆定律,即

$$u(t) = Ri(t) \quad 或 \quad i(t) = Gu(t)$$

式中:R——电阻;

G——电导,两者都是与电压、电流和时间无关的常量。

上式表明,对于线性定常电阻,$u(t)$是$i(t)$的线性函数(或者说$i(t)$是$u(t)$的线性函数),满足可加性和齐次性,亦即

若

$$u_1(t) = Ri_1(t)$$
$$u_2(t) = Ri_2(t)$$

则有:

$$u(t)=R[i_1(t)+i_2(t)]=u_1(t)+u_2(t)$$

又若

$$u_1(t)=Ri_1(t)$$

则有：

$$u(t)=R[\alpha i_1(t)]=\alpha u_1(t)$$

4）电阻的串联和并联

线性定常电阻的端电压 $u(t)$ 是其电流 $i(t)$ 的单值函数，反之亦然。2 个线性电阻串联后的 u-i 特性曲线可由 u_1-i 和 u_2-i 对应的 i 叠加而得到（对应于图 2.1.3(b) 中的 $u=f(i)$ 特性曲线）。2 个线性电阻并联后的 i-u 特性曲线可由 i_1-u 和 i_2-u 对应的 u 叠加而得到（对应于图 2.1.4(b) 中的 $i=g(u)$ 特性曲线）。

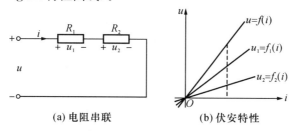

图 2.1.3　电阻的串联及其特性曲线

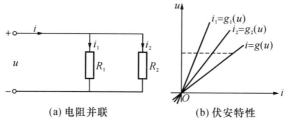

图 2.1.4　电阻的并联及其特性曲线

5）电压源的伏安特性

理想电压源的端电压 $u_S(t)$ 是确定的时间函数，而与电源中流过的电流大小无关。如果 $u_S(t)$ 不随时间变化（即为常数），则该电源称为理想的直流电压源 U_S，其伏安特性如图 2.1.5 中曲线①所示。实际电压源的特性如图 2.1.5 中曲线②所示，它可以用一个理想电压源 U_S 和电阻 R_S 相串联的电路模型来表示（图 2.1.6）。显然，R_S 越大，图 2.1.5 中的角 θ 也越大，其正切的绝对值代表实际电压源的内阻 R_S。

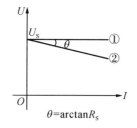

图 2.1.5　电压源的伏安特性

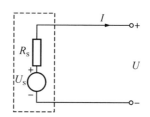

图 2.1.6　实际电压源的电路模型

6) 直流电路中电位的测量

(1) 电路的参考点选定后,电路中其他各点的电位也就随之而定,若电路情况不变,选择不同的参考点,则电路中各点的电位也就不同。

(2) 电路中任一点的电位,等于该点到参考点之间的电压,故各电位可以用电压表测量。

(3) 电路中如有两个等电位点,用导线将此两点短接,对电路不产生任何影响。在此两点间的任何电阻元件也对电路无影响,因为此电阻中不会有电流流过。

2.1.3 预习要求

(1) 理解线性元件和非线性元件的伏安特性有何不同。
(2) 理解理想电压源和实际电压源的伏安特性有何不同。
(3) 理解方法误差产生的原因和减少方法误差的方法。
(4) 理解电位和电压的概念,电位相对性和电压绝对性的概念。

2.1.4 实验任务

下面给出实验原理图和元件的参数,同学们也可以自己设计电路、选择合适元器件。在设计电路时要考虑可行性;在选择元器件时,一定要考虑元器件的参数,不能超过元器件的额定电流和额定电压(带 * 的为选做内容,教师可根据实际情况选做)。

(1) 用图 2.1.7 电路测定线性电阻 R_1 和 R_2 的伏安特性曲线。

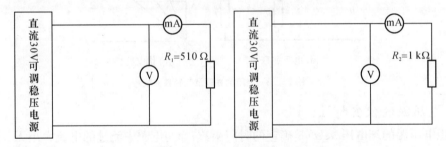

图 2.1.7 电阻伏安特性测量电路

(2) 用图 2.1.8 电路测定两个线性电阻 R_1 和 R_2 串联后的伏安特性曲线。

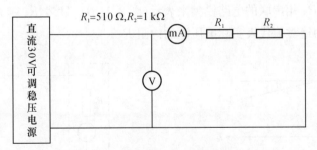

图 2.1.8 串联电阻伏安特性测量电路

（3）用图 2.1.9 电路测定两个线性电阻 R_1 和 R_2 并联后的伏安特性曲线。

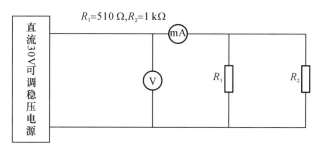

图 2.1.9 并联电阻伏安特性测量电路

以上三项实验任务的测试数据记录在表 2.1 中。

表 2.1 电阻伏安特性测量表

U(V)							
流过 R_1 的电流(mA)							
流过 R_2 的电流(mA)							
R_1 和 R_2 串联的总电流(mA)							
R_1 和 R_2 并联的总电流(mA)							

*（4）采用如图 2.1.10 所示电路测定非线性电阻(二极管 VD)的伏安特性曲线。串联电阻 R_0(R_0＝510 Ω)用作限流保护。在测量二极管 VD 反向特性时,应用微安表,电压表一端跨接在微安表的正极上。在测量二极管 VD 正向特性时,正向电流值不能超过二极管 VD 最大整流电流值 I_m(1.5 A),反向耐压值不能超过 VD 的最大耐压 U_d(U_d＝400 V)。测量数据记录在表 2.2 中。

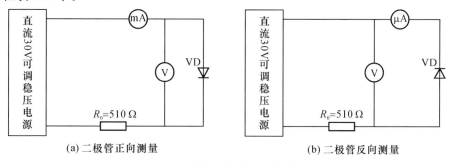

(a) 二极管正向测量　　　　　　　　　(b) 二极管反向测量

图 2.1.10 测量二极管伏安特性的电路

表 2.2 非线性电阻伏安特性测量

正向实验	电压(V)									
	电流(mA)									
	动态电阻(Ω)									
反向实验	电压(V)									
	电流(μA)									
	动态电阻(Ω)									

（5）用图 2.1.11 电路测定实际电压源的伏安特性曲线。在实验中实际电压源是采用一个直流稳压电压电源 $U_S = 10$ V 串联一个电阻 $R_S = 200$ Ω 来模拟。

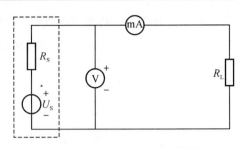

图 2.1.11　实际电压源伏安特性测量的电路

① 把直流稳压电源输出电压 U_S 及电阻 R_S 调到给定的数值，即 $U_S = 10$ V，$R_S = 200$ Ω。

② 改变 R_L 的数值从而改变电路中的电流，分别测量对应的电流和电压的数值，将测量数据记录在表 2.3 中。

③ 增大电阻 R_S，重复实验步骤②，将测量数据记录在表 2.3 中。

表 2.3　实际电压源伏安特性测量

实际电压源伏安特性（$R_S = 200$ Ω）								
给定值	R_L(Ω)							
测量值	I(mA)							
	U(V)							
实际电压源伏安特性（$R_S = 1\ 000$ Ω）								
给定值	R_L(Ω)							
测量值	I(mA)							
	U(V)							

（6）按图 2.1.12 接线，将电源调到规定的电压输出值，其中 E_3 可使用固定电压源，并将测量数据填入表 2.4 中。

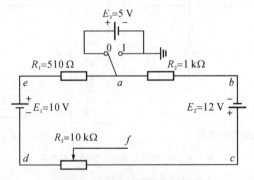

图 2.1.12　电位测量的电路图

表 2.4　电位测量记录表

测量结果					计算结果					
U_a(V)	U_b(V)	U_c(V)	U_d(V)	U_e(V)	U_{ab}(V)	U_{bc}(V)	U_{cd}(V)	U_{de}(V)	U_{ea}(V)	$\sum U$(V)
5										
−5										
0										
0										

① 将开关 S 拨向 0 处,分别测量各点电位(注意正负),并计算各点电压记入表 2.4 中。

② 将 E_3 反接,再测量各点电位是否都是相同变化,记入表 2.4 中。

③ 将开关 S 拨向 1 处,即 $U_a = 0$ V,再测量各点电位是否都是相同变化,记入表 2.4 中。

④ 开关 S 仍置 1 处,在 a 与 f 点之间,接入直流电压表调节电位器 R_3,使 $U_{af} = 0$,然后将电压表换成电流表,观察电流是否为 0,若有小电流,再略调节一下,使电流为 0。用导线将 af 直接连接起来,再测量各点电位,填入表 2.4 中,并与任务③测量的结果进行比较。

2.1.5 注意事项

(1) 实验过程中,直流稳压电源应开路调到给定值,电流源应短路调到给定值。电压源不能短路,以免损坏电源设备。

(2) 直流稳压电源的输出电压必须用电压表或万用表的电压挡校对。

(3) 记录所用仪表的内阻,必要时考虑它们对实验结果带来的影响。

(4) 电压表的内阻极大,在使用时必须并接在被测支路的两端。电流表的内阻很小,在使用时必须串联在被测支路中。

(5) 各种仪表使用时,必须注意其量程的选择。量程选大了将增加测量误差,选小了则可能损坏电表。在无法估计合适量程时,采用从大到小的原则,先采用最高量程,然后根据测量结果,适当改变至合适量程进行测量。

2.1.6 思考题

(1) 若电阻器的伏安特性曲线为一根不通过坐标原点的直线,它满足可加性与齐次性吗?为什么?

(2) 为什么对 2 个电阻串联的总特性,要强调它们是电流控制型,而对 2 个电阻并联后的总特性,要强调它们是电压控制型的?

(3) 非线性电阻器的伏安特性曲线有何特征?

(4) 由实际电源的伏安特性曲线中求出各种情况下实际电源的内阻值,并与实验给定的内阻值进行比较,看是否相同。如果不相同,思考为什么。

(5) 通过电位的测量实验,明确了电位和电压的哪些概念?

2.1.7 实验报告要求

(1) 列表统计任务(1)~(3)的实验数据,并在方格纸上画出它们的伏安特性曲线。

(2) 用作图法画出 R_1 与 R_2 串联及并联的伏安特性曲线,并与实验测得的伏安特性曲线相比较。

*(3) 按任务四的实验结果画出二极管的伏安特性曲线。

(4) 根据测量数据画出不同内阻 R_s 下的实际电压源的伏安特性曲线,并说明实际电源的外特性。

(5) 列表统计任务五的实验数据,并在方格纸上画出它们的电位曲线。

---

* 为选做项目。

（6）由测量数据验证电位与电压之间的关系是否满足。

2.1.8　实验设备及主要器材

名称	数量	型号
（1）三相空气开关	1块	MC1001
（2）双路可调直流电源	1块	MC1046
（3）直流电压电流表	1块	MC1047C
（4）电阻	若干	
（5）电位器	1块	10 kΩ
（6）短接桥和连接导线	若干	P8-1 和 50148
（7）实验用9孔插件方板	1块	297 mm×300 mm

2.2　基尔霍夫定律和电路定理的验证

2.2.1　实验目的

（1）验证基尔霍夫电流定律（KCL）和电压定律（KVL）。

（2）掌握电路中电流、电压参考方向的概念，以及测量仪表的使用方法。

（3）验证叠加定理，加深对该定理的理解。

（4）用实验方法验证戴维南定理。

（5）掌握有源二端口网络的开路电压和入端等效电阻的测定方法。

2.2.2　实验原理

1）基尔霍夫定律

基尔霍夫定律是电路理论中最基本的定律。基尔霍夫定律有两条，一条是电流定律，另一条是电压定律。

（1）基尔霍夫电流定律（KCL）

任一时刻，流入一个节点的电流代数和为零，即 $\sum I = 0$。

如图 2.2.1 所示，电路中某节点 N 有四条支路与它相连，各支路电流参考方向如图中所示，由 KCL 可得

$$\sum I = I_1 + I_2 + I_3 - I_4 = 0$$

上式中参考方向流入节点的取"＋"，流出节点的取"－"。

测量时直流电流表按照参考方向接入（即电流表正极为电流流入端，负极为电流流出端），若测量数值为正值，说明电流实际方向与参考方向相同，若测量数值为负值，则说明电流实际方向与参考方向相反。

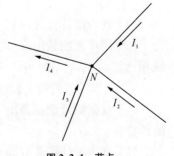

图 2.2.1　节点

（2）基尔霍夫电压定律（KVL）

任一时刻，沿回路绕行一周（按顺时针或逆时针方向，一般取顺时针方向）回路中各段电压降代数和恒等于零，即 $\sum U = 0$。

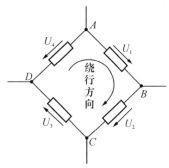

例如在图 2.2.2 中，回路 *ABCDA*，绕行方向和各电压参考方向如图中所示，电压参考方向与绕向一致取正号，相反取负号，则可列出 KVL 方程如下：

$$\sum U = U_1 + U_2 + U_3 - U_4 = 0$$

测量电压和测量电流类似，测量中实际方向与参考方向一致时，测量值取正值，反之取负值。

图 2.2.2　回路

2）叠加原理

在由多个电源共同作用的线性电路中，任一支路的电流（或电压）都是电路中各个电源单独作用时该支路中产生的电流（或电压）的代数和，这就是叠加原理。应当注意的是，在应用叠加原理时不能改变电路的结构，只适用于线性电路中的电流和电压，不适用于功率，对不起作用的电源处理方法是：恒压源用短路线代替，恒流源视为开路。

如图 2.2.3 所示实验电路中有一个电压源 U_S 及一个电流源 I_S。为了验证叠加原理令电压源和电流源分别作用。当电压源 U_S 不作用，即 $U_S = 0$ 时，在 U_S 处用短路线代替；当电流源 I_S 不作用，即 $I_S = 0$ 时，在 I_S 处用开路代替，两种情况下电源内阻都必须保留在电路中。

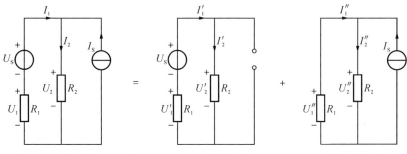

(a) 电压源、电流源共同作用电路　　(b) 电压源单独作用电路　　(c) 电流源单独作用电路

图 2.2.3　电压源、电流源共同作用与分别单独作用电路

（1）设 U_S 和 I_S 共同作用时引起的电压、电流分别为 U_1、U_2、I_1、I_2，如图 2.2.3(a) 所示。

（2）设电压源 U_S 单独作用时引起的电压、电流分别为 U_1'、U_2'、I_1'、I_2'，如图 2.2.3(b) 所示。

（3）设电流源单独作用时引起的电压、电流分别为 U_1''、U_2''、I_1''、I_2''，如图 2.2.3(c) 所示。

则有：

$$U_1 = U_1' + U_1''$$
$$U_2 = U_2' + U_2''$$
$$I_1 = I_1' + I_1''$$
$$I_2 = I_2' + I_2''$$

3）戴维南定理

戴维南定理指出：任何一个线性有源二端网络，对外电路来说，都可以用一个电压源 U_S 和电阻 R_S 串联的等效电路来代替，如图 2.2.4 所示，其电压源 U_S 等于原有二端网络的开路电压(U_{ABO}),电阻R_S等于原有源二端网络除去电源(将各独立电压源短路,即其电压为零;将各独立电流源开路,即其电流为零)后的入端电阻R_{AB}。

所谓等效,是指它们的外部特性,就是说在有源二端网络的两个端口 A 和 B,如果接相同的负载,则流过负载的电流相同。

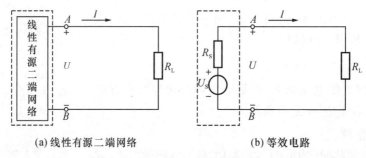

(a) 线性有源二端网络　　　　　　(b) 等效电路

图 2.2.4　戴维南定理

(1) 开路电压的测量方法

在端点开路的条件下,用电压表直接测量 U_{ABO} 的数值,如图 2.2.5 所示。

(2) 入端电阻的测量方法

测量有源二端网络入端电阻 R_i 的方法有多种。

① 直接测量法

将有源二端网络除源后,得到一无源二端网络,可直接用欧姆表测量 A、B 两端点间的电阻。

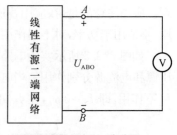

图 2.2.5　测 U_{ABO} 电路图

② 开路短路法

测量有源二端网络的开路电压 U_{ABO} 和短路电流 I_{SC},计算得 $R_{AB} = \dfrac{U_{ABO}}{I_{SC}}$。这种方法最简便,但是对于不允许将外部电路直接短路的网络(例如有可能因短路电流过大而损坏网络内部的器件时),不能采用此方法。

短路电流 I_{SC} 的测量参看图 2.2.6。

③ 半偏法

测量电路如图 2.2.7 所示。调节负载电阻 R_P,使 $U_{AB} = \dfrac{1}{2} U_{ABO}$,此时可变电阻的数值 R_P 即为 R_{AB}。

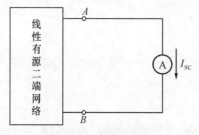

图 2.2.6　测 I_{SC} 电路图

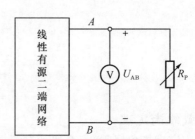

图 2.2.7　半电压测量 R_i 电路

2.2.3 预习要求

(1) 理解电流、电压实际方向和参考方向的概念,知道电流、电压的参考方向有哪些表示方法。

(2) 理解叠加定理的内容以及各个电源置零的方法。

(3) 理解戴维南定理的内容以及等效的概念。

(4) 理解在标定的参考方向下,直流电流表、直流电压表应如何接入。

2.2.4 实验任务

1) 基尔霍夫定律

实验电路如图 2.2.8 所示(该图中画出了电流插口符号,为简单起见,本书以后电路图中不再画出电流插口符号),连接好电路,双路可调电压源输出电压分别调至 $U_{S1}=15$ V, $U_{S2}=10$ V,并保持不变。

(1) 基尔霍夫电流定律

测量各支路电流,将数据填入表 2.5 中。如果测量数据与理论计算值相差过大,则应仔细检查错误所在。

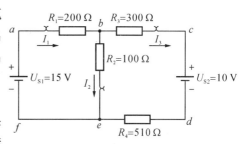

图 2.2.8 基尔霍夫定律实验电路

表 2.5 验证 KCL 测量数据

测量项目	测量值	理论计算值	误 差
I_1(mA)			
I_2(mA)			
I_3(mA)			
$\sum I$(mA)			

通常测量结果 $\sum I \neq 0$,其数值就是误差,而根据仪表的准确度等级和量程可以判断各个量的最大误差,以及总误差。

(2) 基尔霍夫电压定律

测量回路 I (abefa)的支路电压 U_{ab}、U_{be}、U_{ef}、U_{fa} 以及回路 II (abcdefa)的支路电压 U_{ab}、U_{bc}、U_{cd}、U_{de}、U_{ef}、U_{fa},将数据填入表 2.6 中,注意电压值的正负。

表 2.6 验证 KVL 测量数据

项 目		U_{ab} (V)	U_{bc} (V)	U_{cd} (V)	U_{de} (V)	U_{ef} (V)	U_{fa} (V)	U_{be} (V)	回路 I $\sum U=$	回路 II $\sum U=$
测量值	回路 I									
	回路 II									
计算值										
误差										

2) 叠加原理

实验电路如图2.2.9所示。

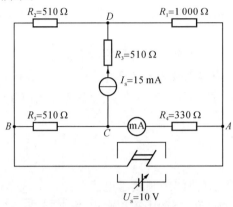

图 2.2.9　叠加原理验证电路

（1）将 I_S 开路，将开关扳向 U_S 端，使 U_S 单独作用，测量各元件两端电压以及支路 AC 上的电流，记录在表2.7中。

（2）接上 I_S，将开关扳向短路线端，即断开电压源，使 I_S 单独作用，测量各元件两端电压以及支路 AC 上的电流，记录在表2.7中。

（3）接上 I_S，将开关扳向 U_S 端，测量各元件两端电压以及支路 AC 上的电流，记录在表2.7中。

表 2.7　验证叠加原理的测量数据

条　件	测量值				
	$U_{AD}(V)$	$U_{DC}(V)$	$U_{BD}(V)$	$U_{AC}(V)$	$I_{AC}(mA)$
U_S 单独作用					
I_S 单独作用					
U_S、I_S 共同作用					

3) 戴维南定理

（1）按图2.2.10所示进行接线。

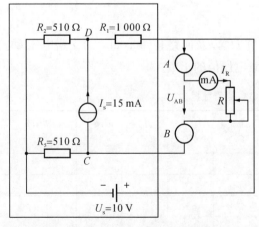

图 2.2.10　验证戴维南定理的电路图

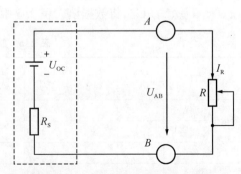

图 2.2.11　验证戴维南定理等效电路图

（2）调节电压源输出 10 V,电流源输出 15 mA(注意电压源输出电压应开路调节,电流源输出应短路调节)。

（3）改变负载电阻 R,对每一 R 值,测出 U_{AB} 和 I_R 值,记录在表 2.8 中。

（4）将电流源开路,将电压源视为短路,用万用表测出负载两端的电阻(去掉负载) R_S。没有万用表时,可以测出 A、B 之间的短路电流 I_S,利用公式 $R_S = \dfrac{U_{OC}}{I_{SC}}$ 计算出等效电源的内电阻 R_S。

（5）利用 U_{OC}、R_S 等效出一个电源,然后再接上和(3)一样的一个负载电阻 R,重新测量 U_{AB} 和 I_R 值,记入表 2.9 中。

表 2.8　验证戴维南定理测试数据

$R(\Omega)$	0	100	200	300	400	500	600	1k	2k	∞
$U_{AB}(V)$										
$I_R(mA)$										

表 2.9　验证戴维南定理等效电路测试数据

$R(\Omega)$	0	100	200	300	400	500	600	1k	2k	∞
$U_{AB}(V)$										
$I_R(mA)$										

2.2.5　注意事项

（1）直流稳压电源的输出端禁止短路。进行叠加原理实验中,电压源 U_S 不作用,是指 U_S 处用短路线代替,而不是将 U_S 本身短路。

（2）测电流时,根据规定的电流参考方向,电流从电流表"＋"端流入,从"－"端流出。

（3）万用表电流挡、欧姆挡不能测电压。

（4）直流稳压电源的输出电压值,必须用电压表或万用表校对。

（5）万用表使用完毕,需将转换开关旋至交流 500 V 位置。

2.2.6　思考题

（1）R_3 阻值改变为 300 Ω 时,叠加原理是否仍成立?

（2）在求含源线性一端口网络等效电路中的 R_i 时,如何理解"原网络中所有独立电源为零值"? 实验中怎样将独立电源置零?

（3）如果先测出有源二端网络的开路电压 U_{ABO},再在端点 A、B 间接入一已知负载电阻 R_L,测得相应的端电压 U_{AB},也可以间接测得有源二端网络除源后的入端电阻 R_{AB}(称为带负载法),试推导出 R_{AB} 的计算式。

2.2.7　实验报告要求

（1）用叠加原理计算图 2.2.9 各支路的电压和电流值并与实验数据相比较计算其相对误差,并分析产生误差的原因。

（2）用实验数据说明叠加原理的正确性。

（3）对实验结果进行比较和讨论，验证戴维南定理的正确性。

（4）回答思考题。

2.2.8　实验设备及主要器材

名称	数量	型号
（1）三相空气开关	1 块	MC1001
（2）双路可调直流电源	1 块	MC1046
（3）恒流源	1 块	
（4）直流电压电流表	1 块	MC1047C
（5）电阻	若干	
（6）电流插孔导线	3 条	
（7）短接桥和连接导线	若干	P8-1 和 50148
（8）实验用 9 孔插件方板	1 块	297 mm×300 mm

3 交流电路实验

3.1 单相交流电路测量和日光灯功率因数的提高

3.1.1 实验目的

(1) 学习使用交流电压表、交流电流表和功率表测量元件的等效参数。

(2) 熟悉交流电路实验中的基本操作方法,加深对阻抗、阻抗角和相位角等概念的理解。

(3) 掌握调压器和功率表的正确使用方法。

(4) 观察并研究电容与感性支路并联时电路中的谐振现象。

(5) 学习提高感性负载电路功率因数的方法。理解提高功率因数的意义。

(6) 了解日光灯的工作原理,学会日光灯线路的连接。

3.1.2 实验原理

1) 用交流电压表、交流电流表和功率表测量元件的等效参数

在交流电路中,元件的阻抗值(或无源一端口网络的等效阻抗值),可以在用交流电压表、交流电流表和功率表分别测出元件(或网络)两端的电压有效值 U、流过元件(或网络端口)的电流有效值 I 和它所消耗的有功功率 P 之后,再通过计算得出,如图 3.1.1 所示。

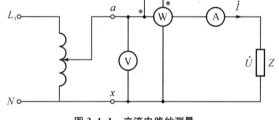

图 3.1.1 交流电路的测量

如图 3.1.1 所示的电路中,待测阻抗 Z 为:

$$Z = \frac{\dot{U}}{\dot{I}} = \frac{U}{I} \angle \varphi = R + jX$$

有功功率 P 为:

$$P = UI\cos\phi = I^2 R$$

阻抗的模 $|Z|$ 为:

$$|Z| = \frac{U}{I}$$

功率因数 $\cos\varphi$ 为:

$$\cos\phi=\frac{P}{UI}$$

等效电阻 R 为:

$$R=\frac{P}{I^2}=|Z|\cos\phi$$

等效电抗 X 为:

$$X=|Z|\sin\phi$$

这种测量方法简称为三表法,它是测定交流阻抗的基本方法。

　　2)用实验方法测量元件的等效参数

　　交流电路中的参数一般指电路中的电阻、电感和电容,实际电路元件的等效参数可以用测量的方法得到。

　　在正弦交流情况下,若被测元件是一个电阻器件,则加在电阻器两端的电压有效值 U、流过电阻器的电流有效值 I 以及电阻器吸收的有功功率 P 之间符合下列关系:

$$U=RI$$
$$P=UI=I^2R$$

故

$$R=\frac{U}{I}=\frac{P}{I^2}$$

上式表明,通过实验可以算出 R。

　　在正弦交流情况下,若被测元件是一个电感线圈,由于在低频时,电感线圈的匝间分布电容可以忽略,故它的等效参数由导线电阻 R_L 和电感 L 组成,即:

$$Z_L=R_L+jX_L=R_L+j\omega L=|Z_L|\angle\phi$$

通过用三表法测量电路,如图 3.3.1 所示,测出电感线圈两端的电压 U、流过电感线圈的电流 I 及功率 P 后,可按下式计算其等效参数:

$$|Z_L|=\frac{U}{I}$$

$$\cos\phi=\frac{P}{UI}$$

$$R_L=\frac{P}{I^2}=|Z_L|\cos\phi$$

$$X_L=\sqrt{|Z_L|^2-R_L^2}=|Z_L|\sin\phi$$

注意:在电感线圈上,其电压超前电流的相位为 ϕ,且 $\phi>0$。

　　在正弦交流情况下,若被测元件是一个电容器,由于在低频时,电容器的引入电感及介质损耗均可忽略,故可以看成纯电容。因此:

$$\dot{I}=j\omega C\dot{U}=\omega C\dot{U}\angle 90°$$

用三表法测量电路,测出电容器两端的电压 U 和流过电容器的电流 I 后,按下式计算其等效参数:

$$C=\frac{I}{\omega U}$$

注意:电容器上的电压相量滞后电流相量 $90°$,电容器吸收的有功功率为零。

将电阻器、电容器、电感线圈相互串联后,可得到一个复阻抗。利用如图 3.1.1 所示的电路测得 U、I 及 P 后,再根据它们之间的关系求得总阻抗、功率因数及相位角的绝对值。

本实验中,通过测量,一方面熟悉几种常用仪表的使用方法,另一方面把元件参数测量出来,同时,结合实验数据做出相量图以巩固理论知识。

3)判断被测元件阻抗性质的方法

利用三表法测得 U、I 及 P 的数值,还不能判别被测元件是属于感性还是属于容性,需要另外的实验来判断。一般可以用下列方法加以确定:

(1)在被测元件两端并接一只适当容量的小试验电容器,若电流表的读数增大,则被测元件属于容性;若电流表的读数减小,则被测元件属于感性。这是因为,对如图 3.1.2 所示的电路,设已经获得并联小试验电容器(电容为 C')以前的各表读数,并计算出被测元件的等效电导 G 和等效电纳 $|B|$(此时 B 的正负未知),并联小试验电容器的导纳为 jB'($B' = \omega C' > 0$),则并联小试验电容器以前电流表的读数为:

$$U|G + jB| = U\sqrt{G^2 + B^2}$$

并联小试验电容器以后,电流表的读数为:

$$U|G + jB + jB'| = U\sqrt{G^2 + (B + B')^2}$$

若被测元件属于容性,则 $B > 0$,并联后电流表读数必然增大。若被测元件属于感性,则 $B < 0$,只要取 $B' < |2B|$,则 $|B + B'| < |B|$ 总成立,故并联小试验电容器后电流表的读数必然减小,这就是选取小试验电容器来并联的原因。因此,可以通过观察并联小试验电容器前后电流表的读数变化来判断被测元件是属于容性还是属于感性。

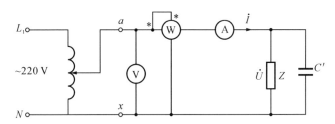

图 3.1.2 判断阻抗性质的实验电路

(2)利用示波器测量被测元件的端电流及端电压之间的相位关系,若电流超前电压则被测元件属于容性;反之,电流滞后电压则为感性。

本实验采用并接小试验电容器的办法判别被测元件的性质。

4)有功功率的测量方法

阻抗元件所消耗的有功功率可以使用功率表测量出来。关于功率表的工作原理及使用方法参见常用电工仪表中的功率表部分。

5)并联交流电路的谐振

在工业及生活用电中,大部分设备都是感性负载,例如,工矿企业中驱动机械设备的电动机,家庭生活使用的日光灯、电风扇、洗衣机、电冰箱。要提高感性负载的功率因数,可以用并联电容器的方法,使流过电容器的无功电流与感性负载的无功电流互相补偿,减小电压与电流之间的相位差,从而提高功率因数。

如图 3.1.3(a)所示为由电感线圈和电容组成的并联交流电路。

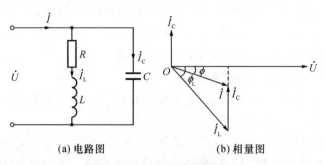

(a) 电路图　　　　　　　　　(b) 相量图

图 3.1.3　日光灯功率补偿相量图

选择 $\dot{U}=U\angle 0°$ 为参考相量,设电感线圈阻抗 $Z_L=R+j\omega L$ 的阻抗角为 $\phi_L(\phi_L>0)$,并联电容后电路总复阻抗的阻抗角为 ϕ,则电路的复导纳 Y 为:

$$Y=j\omega C+\frac{1}{R+j\omega L}=\frac{R}{R^2+(\omega L)^2}-j\omega\left[\frac{L}{R^2+(\omega L)^2}-C\right]=G-jB=y\angle -\phi$$

流过电感线圈的电流 $\dot{I}_L$ 为:

$$\dot{I}_L=I_L\angle -\phi_L$$

流过电容的电流 $\dot{I}_C$ 为:

$$\dot{I}_C=j\omega C\dot{U}=I_C\angle 90°$$

电路的总电流 $\dot{I}$ 为:

$$\dot{I}=I\angle -\phi$$

它们满足:

$$\dot{I}=\dot{I}_L+\dot{I}_C$$

作电路的相量图,如图 3.1.3(b)所示。显然,在电源电压 U 及频率不变的情况下,改变电容 C 的值,可以改变 I_C 和 Y(注意 I_L 不会发生改变),从而使电路的总电流 $\dot{I}$ 发生变化。由相量图可以看出,随着 C 的逐渐加大,I_C 不断变大,电路中的总电流 I 将不断变小,在达到一个最小值后又随着 C 的变大逐渐变大。这个最小值出现在 $\phi=0$ 即 $\cos\phi=1$ 时,此时 $\dot{U}$ 与 $\dot{I}$ 同相,$B=0$,电路发生了并联谐振,此时,

$$C=\frac{1}{R^2+(\omega L)^2}$$

如果感性支路的阻抗角 $\phi_L>45°$,则由相量图可知,谐振时 2 个并联支路的电流都比总电流大,此现象可在实验中观察到。

6) 提高功率因数的意义及方法

供电系统的功率因数取决于负载的性质,例如白炽灯、电烙铁、电熨斗、电阻炉等用电设备,都可以看做是纯电阻负载,它们的功率因数为 1;但在工农业生产和日常生活中广泛应用的异步电动机、感应炉和日光灯等用电设备都属于感性负载,它们的功率因数小于 1。因此,

在一般情况下,供电系统的功率因数总是小于 1。如果功率因数太低,就会引起下面 2 个问题:

(1)发电设备的容量不能充分利用。发电机、变压器等设备是根据额定电压和额定电流设计的。额定电压和额定电流的乘积,称为额定视在功率,即 $S_N = U_N I_N$。当负载的功率因数 $\cos\phi = 1$ 时,发电机(或变压器)所能输出的最大有功功率 P 为:

$$P = U_N I_N \cos\phi = U_N I_N = S_N$$

这时发电机(或变压器)的容量才能得到充分利用。当负载的功率因数 $\cos\phi < 1$ 时,因发电机(或变压器)的电流和电压不允许大于其额定值,则它们所能输出的最大有功功率 P 为:

$$P = U_N I_N \cos\phi < S_N$$

因此降低了发电机(或变压器)的利用率。功率因数越低,发电设备的利用率也越低。

(2)增加线路和发电机绕组的功率损失。如图 3.1.4 所示为工频下传输距离不长、电压不高时供电线路示意电路。其中,$Z_1 = R_1 + jX_1$,为线路的等效阻抗;$Z_2 = R_2 + jX_2$,为感性负载阻抗。当负载电压 U_2 保持不变时,为了保证负载吸收一定的功率 P_2,则负载电流须满足:

$$I = \frac{P_2}{U_2 \cos\varphi_2}$$

显然,若负载的功率因数 $\cos\phi_2$ 较低,那么线路电流 I 就要增大,而等效阻抗为 Z_1 的绕组上的功率损耗 $P_1 = I^2 R_1$ 就会大大增加,同时要求发电机能够提供较大的电流 I。若 $I > I_N$,就必须换用较大容量发电机,这将使得电能传输效率大大降低。

因此,必须设法提高负载端的功率因数,从而提高供电系统的功率因数。这样,一方面可以充分发挥电源设备的利用率,另一方面又可以减少输电线路及发电机绕组上的功率损耗,提高电能的传输效率。

由于供电系统功率因数低是由感性负载造成的,其电流在相位上滞后于电压。因此,通常在感性负载的两端并联一个适当容量的电容(或采用同步补偿器),以流过电容的超前电压 90°的容性电流来补偿原感性负载中滞后电压 ϕ_L 的感性电流,从而使总的线路电流减小。其电路原理图和相量图如图 3.1.3 所示。

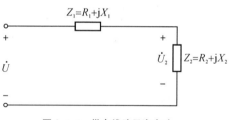

图 3.1.4 供电线路示意电路

由图 3.1.3 可知,并联电容以前,线路上的电流 $\dot{I}$ 为:

$$\dot{I} = \dot{I}_L = I_L \angle -\phi_L \quad (设 \dot{U} = U \angle 0°)$$

电路负载端的功率因数为 $\cos\phi_L(\phi_L > 0,$ 感性负载)。

并联电容以后,由于 $\dot{U}$ 不变,因此 $\dot{I}_L$ 不变,此时线路上的电流 $\dot{I}$ 变为:

$$\dot{I} = \dot{I}_L + \dot{I}_C = I \angle -\phi$$

与此相对应的电路负载端的功率因数为 $\cos\phi(\phi > 0,$ 感性负载,其过度补偿情况参见思考题(4))。

显然 $\phi < \phi_L$，则 $\cos\phi > \cos\phi_L$，即负载端的功率因数提高了。

7）日光灯电路

本实验中的感性负载是一个日光灯电路，如图 3.1.5 所示。

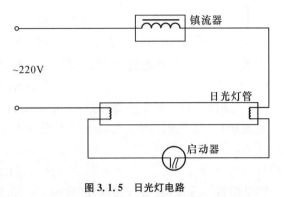

日光灯灯管是一根气体放电管，管内充有一定量的惰性气体和少量的水银蒸气，内壁涂有一层荧光粉，灯管两端各有一个由钨丝绕成的灯丝作为电极。当管端电极间加以高压后，电极发射的电子能使水银蒸气电离产生辉光，辉光中的紫外线射到管壁的荧光粉上使其受到激励而发光。

图 3.1.5　日光灯电路

日光灯在高压下才能发生辉光放电，在低压下（如 220 V）使用时，必须有启动装置来产生瞬时的高压。

启动装置包括启动器（又称起辉器）及镇流器。启动器是一个充有氖气的小玻璃泡（外罩以铝罩），泡内有 2 个距离很近的金属触头，触头之一是由 2 片热膨胀系数相差很大的金属粘合而成的双金属片。2 个金属触头之间并联了一个小电容，以防 2 个触头在电路内分开时产生火花，烧坏触头。

镇流器是绕在硅钢片铁心上的电感线圈，当接通电源时，启动器玻璃泡内气体发生辉光放电而产生高温，双金属片受热膨胀而弯曲，与另一触头碰接，辉光放电随即停止。双金属片由于冷却复位而与另一触头分开，电路的突然断开使镇流器线圈两端立即产生一个很高的感应电压，它与电源电压叠加后加到日光灯灯管的 2 个电极上，使管内气体发生辉光放电，于是，日光灯就点亮了。日光灯点亮后，灯管两端的工作电压很低，20 W 的日光灯工作电压约为 60 V，40 W 的日光灯工作电压约为 100 V。在此低压下，启动器不再起作用，电源电压大部分降在镇流器线圈上，此时镇流器起到降低灯管的端电压并限制其电流的作用。

灯管点亮后，可以认为是一个电阻负载，而镇流器是一个铁心线圈，可以认为是一个电感较大的感性负载，二者串联构成一个感性电路，如图 3.1.6 所示。

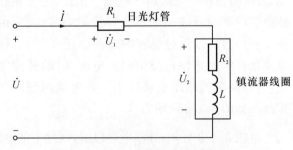

该电路所消耗的功率 P 为：

$$P = UI\cos\phi$$

则电路的功率因数 $\cos\phi$ 为：

$$\cos\phi = \frac{P}{UI}$$

图 3.1.6　日光灯点亮后的等效电路

因此，测出该电路的电压、电流和消耗的功率后，即可根据上式求得其功率因数。

日光灯电路的功率因数较低。为了提高功率因数，可在电路两端并联一个适当大小的电容。通过改变并联电容的大小，使电路总电流最小时，电路的功率因数最高。

3.1.3 预习要求

（1）理解交流电路元件参数的测量方法。
（2）理解功率表的使用方法和注意事项。
（3）理解日光灯电路的原理以及提高功率因数的方法。

3.1.4 实验任务

1）测定负载电阻 R

按如图 3.1.7 的电路接线（电阻元件采用 2 只灯泡），将测量所得数据记录于表 3.1 中，并根据 $R=\dfrac{U}{I}$（或 $R=\dfrac{P}{I^2}$）计算负载电阻。

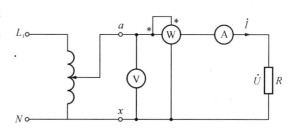

图 3.1.7　负载电阻 R 的测量电路图

2）测量电容器的电容 C

将被测元件换成电容元件，观察功率表有无读数并思考原因。记录测量数据于表 3.1 中，计算出相应的参数。

表 3.1　实验任务一～三测量数据

被测元件名　称	测量值			计算值						
	U(V)	I(A)	P(W)	Z(Ω)	R(Ω)	X(Ω)	C(μF)	L(mH)	$\cos\phi$	ϕ
电阻器										
电容器										
电感器					R_L(Ω)					

3）测量电感线圈的参数 R_L 和 L

将被测元件换成电感元件（可用日光灯的镇流器），记录测量数据于表 3.1 中。通过所测得的 U、I 及 P 计算电感线圈的功率因数等参数，并做出相应的相量图。

4）测量未知阻抗元件

把灯泡（电阻为 R）、电容器（电容为 C）和镇流器（电阻为 R_L，电感为 L）相串联作为被测元件，根据以下要求自拟测量电路：要求测量各元件两端的电压 U_R、U_C、U_L（镇流器两端的电压有效值）；测量电路的总电压 U、电路中的电流 I 及电路所吸收的功率 P。记录测量数据于表 3.2 中，计算电路的阻抗及功率因数，并按比例作电路的相量图。通过并联一个小试验电容器（电容为 C'）的方法判别被测串联电路属于感性还是属于容性。

表 3.2　实验任务四测量数据

U(V)	I(A)	P(W)	U_R(V)	U_L(V)	U_C(V)	Z(Ω)	R(Ω)	X(Ω)	$\cos\phi$	ϕ

5) 日光灯电路及功率因数提高

(1) 按图 3.1.8 接好线路,接通电源,观察日光灯的启动过程。

(2) 在电容未接入的情况下,测出电路的功率 P、电流 I_1、电源电压 U、灯管电压 U_1、镇流器两端电压 U_2,填入表 3.3 中,并计算表 3.3 中各项。

表 3.3 日光灯测量记录表

测量值					计算值				
$P(\mathrm{W})$	$I_1(\mathrm{A})$	$U(\mathrm{V})$	$U_1(\mathrm{V})$	$U_2(\mathrm{V})$	$U_1^2(\mathrm{V})+U_2^2(\mathrm{V})$	$\sqrt{U_1^2(\mathrm{V})+U_2^2(\mathrm{V})}$	$UI_1(\mathrm{W})$	$U_1I_1(\mathrm{W})$	$\cos\phi$

(3) 日光灯电路两端并联电容,接线如图 3.1.8,将电容逐渐增大,观察总电流 I_1、灯管支路电流 I_2 及电容支路电流 I_3 的变化情况,记录 P、U、I_1、I_2、I_3 的数据,填入表 3.4 中,计算相应的功率因数 $\cos\phi$ 的值。在逐渐加大电容容量过程中,注意观察并联谐振现象,并找到谐振点。

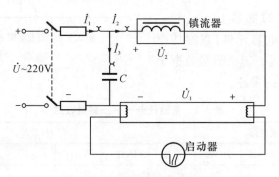

图 3.1.8 日光灯实验接线示意电路

表 3.4 功率补偿记录表

$C(\mu\mathrm{F})$	测量结果					计算结果
	$P(\mathrm{W})$	$U(\mathrm{V})$	$I_1(\mathrm{A})$	$I_2(\mathrm{A})$	$I_3(\mathrm{A})$	$\cos\phi$
1						
2						
3						
3.7						
4.7						
5.7						
6.7						

3.1.5 注意事项

(1) 本实验中电源电压较高,必须严格遵守安全操作规程,身体不要触及带电部位,以保证安全。接好线后,先进行检查,无误后再通电。每项实验结束后,先断电、后拆线。严禁带电接线、拆线。

(2) 在单相交流电路参数测量实验中,使用调压输出之前,先把电压调节手轮调在零位,接通电源后再从零位开始逐渐升压。每做完一项实验之后,都要把调压器调回零位,然后断开电源。

(3) 禁止引出两根火线接入日光灯电路,避免交流 220 V 的电压直接加在灯管两端,日光灯发光后,测量时要避免频繁通断。

3.1.6　思考题

(1) 用三表法测单相交流电路参数时,试用相量图来说明通过在被测元件两端并接一个电容为 C' 的小试验电容器的方法可以判断出被测元件的性质。如果改为用一个电容为 C'' 的小试验电容器与被测元件串联,还能判断出被测元件的性质吗? 若不能,试说明理由;若能,试计算出此时该电容 C'' 所应满足的条件。设被测元件的参数 R、$|X|$ 已经测得(X 未知正负)。

(2) 通过按比例画出相量图,思考交流电路的基尔霍夫定律是如何得以证明的。

(3) 对于某元件 $G+jB$ 来说,当 $B<0$ 时,该元件是感性的;当 $B>0$ 时,该元件是容性的。试说明原因。

(4) 在测量电容参数的实验中,功率表的读数为何为零?

(5) 日光灯电路并联电容进行补偿前后,功率表的读数及日光灯支路的电流是否发生了改变? 为什么?

(6) 如何利用表 3.1.3 中测得的数据计算 R_1、R_2 及 L? 试推导它们的计算公式。

(7) 总结并分析当并联电容值不断增大时总电流 I 的变化规律?

(8) 在采用并联电容提高功率因数时,如果并联的电容过大,将会出现过度补偿的情况。本实验未提及此情况,请自行分析补偿所需的电容值,并指出这两种补偿的区别。

3.1.7　实验报告

(1) 根据测量数据计算单相交流电路各元件的参数,填于相应的表中。

(2) 根据测得的数据及计算结果,按比例做出相应的相量图。

(3) 根据未接入电容时测得的数据,计算整个日光灯电路的等效参数 $R_L=R_1+R_2$ 和 L,从而计算出谐振时的 C 值,并与实验所得的谐振时的 C 值相比较。

(4) 测出谐振时的总电流及各支路电流,比较其大小及比值关系。

(5) 根据测量数据做出曲线 $\cos\phi$-C 及 I_1-C,并加以讨论。

(6) 回答思考题。

3.1.8　实验设备及主要器材

名称	数量	型号
(1) 三相空气开关	1 块	MC1001
(2) 三相熔断器	1 块	MC1002
(3) 单相调压器	1 块	MC1058D
(4) 三相负载板	1 块	MC1093
(5) 日光灯开关板	1 块	MC1012

（6）日光灯镇流器板带电容　　　　1个　　　　　　　MC1036C

（7）单相电量仪　　　　　　　　　1个　　　　　　　MC1098

（8）安全导线与短接桥　　　　　　若干　　　　　　　P12-1 和 B511

3.2　动态电路的响应

3.2.1　实验目的

（1）研究一阶电路的时域响应,学会用示波器观察和分析电路的响应。

（2）测量一阶电路的时间常数。

（3）研究 RC 微分和积分电路。

3.2.2　实验原理

1）一阶电路的响应

（1）RC 电路的零输入响应

在如图 3.2.1 所示的一阶 RC 电路中,当 $t<0$ 时,开关 S 在位置 1,电路已处于稳态,电容已充电,其电压 $u_C = u_C(0_-) = U_0$。当 $t=0$ 时,开关 S 由位置 1 拨到位置 2,电容储能通过电阻 R 放电,电路中形成放电电流 $i(t)$。

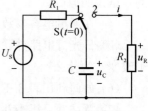

图 3.2.1　一阶 RC 电路

电容的端电压为:

$$u_C = u_C(0_+)\mathrm{e}^{-\frac{t}{RC}} = U_0\mathrm{e}^{-\frac{t}{RC}} \quad (t\geqslant 0)$$

电路中的放电电流为:

$$i = -C\frac{\mathrm{d}u_C}{\mathrm{d}t} = \frac{U_0}{R}\mathrm{e}^{-\frac{t}{RC}} \quad (t>0)$$

电阻两端的电压为:

$$u_R = u_C = U_0\mathrm{e}^{-\frac{t}{RC}} \quad (t>0)$$

可见 u_C 和 i 在 $t\geqslant 0$ 后,均按指数规律衰减,其随时间变化曲线如图 3.2.2(a)、(b)所示。

时间常数 $\tau = RC$ 只取决于电路参数 R 和 C,与电路的初始情况无关。其大小反映了电路过渡过程进行的快慢,时间常数越大,过渡过程进行得越慢;时间常数越小,过渡过程进行得越快。

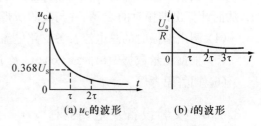

(a) u_C 的波形　　　　(b) i 的波形

图 3.2.2　u_C 和 i 随时间变化曲线

（2）RC 电路的零状态响应

RC 电路的零状态响应实际就是电容充电的过程。在如图 3.2.3 所示的电路中,电容没有充过电,即 $u_C(0_-)=0$,在 $t=0$ 时开关 S 闭合,RC 串联电路与直流电压源连接,电压源通过电阻对电容充电。利用 KVL 公式及 $u_R=Ri$、$i=C\dfrac{\mathrm{d}u_C}{\mathrm{d}t}$ 可知,电容上的电压为:

$$u_C = U_S(1 - e^{-\frac{t}{\tau}}) \quad (t \geqslant 0)$$

电路中的电流及电阻上的电压分别为：

$$i = C\frac{du_C}{dt} = \frac{U_S}{R}e^{-\frac{t}{\tau}} \quad (t > 0)$$

$$u_R = Ri = U_S e^{-\frac{t}{\tau}} \quad (t > 0)$$

u_C、i 和 u_R 随时间变化的曲线如图 3.2.4 所示。

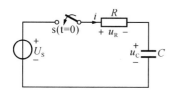

图 3.2.3　RC 电路的零状态响应

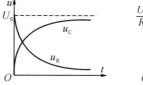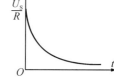

图 3.2.4　RC 电路的充放电曲线

（3）一阶电路的全响应

当电路中既有动态元件的初始储能，又有外加激励电源时，电路的响应称为全响应。

如图 3.2.3 所示电路，设开关 S 闭合前电容已充电至 U_0，在 $t = 0$ 时开关 S 闭合，根据 KVL 定理及 $u_R = Ri$、$i = C\frac{du_C}{dt}$，电路的完全响应为：

$$u_C = (U_0 - U_S)e^{-\frac{t}{\tau}} + U_S \quad (t \geqslant 0)$$

电阻电压和电流的全响应分别为：

$$u_R = U_S - u_C(t) = (U_S - U_0)e^{-\frac{t}{\tau}} \quad (t > 0)$$

$$i = \frac{u_R(t)}{R} = \frac{U_S - U_0}{R}e^{-\frac{t}{\tau}} \quad (t > 0)$$

全响应＝暂态分量（自由分量）＋稳态分量（强制分量）

或

全响应＝零输入响应＋零状态响应

上述全响应的两种分解形式适用于任何线性动态电路，前者着眼于电路的工作状态，而后者着眼于激励与响应间的因果关系。图 3.2.5 做出了在 $U_S > U_0$ 情况下，各响应分量的波形。

当 $U_0 < U_S$ 时，电路处于充电状态下，u_C 按指数规律上升，最终到达 U_S；当 $U_0 > U_S$ 时，电路处于放电状态下，u_C 按指数规律下降，最终也到达 U_S；当 $U_0 = U_S$ 时，电路响应中的自由分量为零，电路换路后立即进入稳定状态。

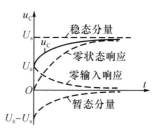

图 3.2.5　RC 电路的全响应波形

（4）微分电路和积分电路

在电子技术中常常用到微分电路和积分电路，它们都是由 RC 串联电路构成，只要满足一定的条件就可以对信号进行微分和积分处理。

① 微分电路

微分电路如图 3.2.6(a) 所示，当输出电压 u_2 从电阻 R 上取出，选择电路参数，使时间常数 τ 很小，则电容充电很快，如图 3.2.6(b) 所示，电容电压与输入电压近似相等，即

$$u_i \approx u_C$$

所以

$$u_0 = u_R = Ri = RC\frac{\mathrm{d}u_C}{\mathrm{d}t} \approx RC\frac{\mathrm{d}u_i}{\mathrm{d}t}$$

由上式可知,输出电压与输入电压近似于微分关系,此时的 RC 串联电路就是微分电路。

如果输入为矩形波,如图 3.2.7(a)所示,其脉宽为 t_p,当 $\tau \leqslant (1/3 \sim 1/5)t_p$ 时,输出电压就近似与输入电压成微分关系,此时的输出波形为一对正负尖脉冲,如图 3.2.7(b)。

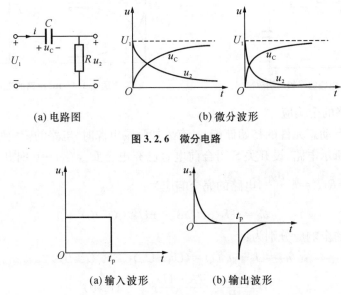

(a) 电路图　　　　(b) 微分波形

图 3.2.6　微分电路

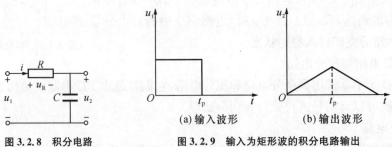

(a) 输入波形　　　　(b) 输出波形

图 3.2.7　输入为矩形波的微分电路

② 积分电路

积分电路如图 3.2.8 所示,当输出电压 u_2 从电阻 C 上取出,选择电路参数,使时间常数 τ 很大,则电容充电很慢,电阻电压与输入电压近似相等,即 $u_i \approx u_R$,所以

$$u_2 = u_C = \frac{1}{C}\int i\mathrm{d}t = \frac{1}{RC}\int u_R\mathrm{d}t \approx \frac{1}{RC}\int u_i\mathrm{d}t$$

由上式可知,输出电压与输入电压近似于积分关系,此时的 RC 串联电路就是积分电路。

图 3.2.8　积分电路　　　　图 3.2.9　输入为矩形波的积分电路输出

(a) 输入波形　　　　(b) 输出波形

如果输入为矩形波,如图 3.2.9 所示,其脉宽为 t_p,当 $\tau \geqslant (3 \sim 5)t_p$ 时,输出电压就近似与输入电压成积分关系,此时的输出波形为三角波。

2）RLC 串联电路响应

如果描述动态电路响应的数学模型是二阶微分方程，则这样的动态电路就称为二阶电路。二阶电路中至少有含有两个动态元件，需要两个初始条件，由动态元件的初始值决定。比较典型的电路有 RLC 串联电路。下面先分析 RLC 串联电路没有外加激励，只靠动态元件的初始储能所引起的零输入响应。

如图 3.2.10 所示的 RLC 电路中，若电容原已充电至 U_0，电感中电流为 I_0。在 $t=0$ 时，开关 S 闭合，动态元件通过电路放电。在图示参考方向下，根据 KVL 定理有：

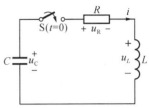

$$LC\frac{\mathrm{d}^2 u_\mathrm{C}}{\mathrm{d}t^2}+RC\frac{\mathrm{d}u_\mathrm{C}}{\mathrm{d}t}+u_\mathrm{C}=0 \quad (t\geqslant 0)$$

电路的响应有三种情况：

图 3.2.10　RLC 串联电路的零输入响应

（1）当 $\delta>\omega_0$，即 $R>2\sqrt{\dfrac{L}{C}}$ 时，非振荡放电过程

其中 $\delta=\dfrac{R}{2L}$ 称为衰减系数；$\omega_0=\dfrac{1}{\sqrt{LC}}$ 称为谐振角频率。

u_C 波形在整个变化过程中单调下降，都是释放能量，电路电阻较大，能量消耗极为迅速，响应是非振荡的，这种情况又称为过阻尼放电。在 $t=t_\mathrm{m}$（其中 $t_\mathrm{m}=\dfrac{1}{p_1-p_2}\ln\dfrac{p_2}{p_1}$）以前，电流是增加的，电容释放的能量一部分被电阻消耗，还有一部分转变为电感的磁场能。在 $t=t_\mathrm{m}$ 以后，电流逐渐减小，电感也释放能量，直到电容和电感的储能全部被电阻耗尽，放电结束。

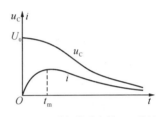

图 3.2.11　非振荡放电的 u_C、i 的波形

（2）当 $\delta=\omega_0$，即 $R=2\sqrt{\dfrac{L}{C}}$ 时，临界非振荡放电过程

这种情况下，响应也是非振荡的，但它是振荡和非振荡的临界情况，这时的电阻称为临界电阻。

（3）当 $\delta<\omega_0$，即 $R<2\sqrt{\dfrac{L}{C}}$ 时，振荡放电过程

电路处于这种情况，是因为电阻较前两种情况都小，电容释放的能量只有少量被消耗，大部分被电感吸收变成磁场能。当电容的能量释放完时，电感中积蓄的能量释放出来返还给电容，期间又有少量能量被电阻消耗，电容获得的能量比原来少，当电感的能量释放完后电容又开始放电……由于电阻在不断消耗能量，电路中能量越来越少，电容电压幅度呈指数规律衰减地振荡。

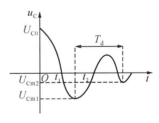

图 3.2.12　振荡放电的 u_C 波形

当 $\delta=0$，即 $R=0$ 时，$u_\mathrm{C}(t)=A\sin(\omega_\mathrm{d}t+\beta)$，这时的振荡为等幅振荡，也称无阻尼振荡。电路没有能量损耗，振荡过程中电容释放的电场能被电感吸收后又等量地释放给电容，电容电压的振幅不会衰减，振荡将无限持续下去。

3.2.3　预习要求

（1）预习函数发生器和示波器的使用方法。

（2）预习晶体管毫伏表的使用方法。

（3）复习一阶动态电路和二阶动态电路的相关知识。

（4）按照给定的 RLC 参数计算临界电阻。

3.2.4　实验任务

（1）研究 RC 电路的零输入响应与零状态响应。实验电路如图 3.2.13 所示。U_S 为直流电压源，R_0 为电流取样电阻，示波器接电容两端。开关首先置于位置 2，当电容电压为零以后，开关由位置 2 转到位置 1，用示波器观察电容电压零状态响应的波形；电路达到稳态以后，开关再由位置 1 转到位置 2，即可观察到电容电压零输入响应的波形。分别改变电阻 R、电容 C 和电压 U_S 的数值，观察并描绘出零输入响应和零状态响应时 $u_C(t)$ 和 $i_C(t)$ 的波形。

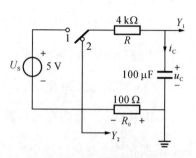

图 3.2.13　RC 零输入和零状态响应实验图

（2）研究 RC 电路的方波响应。按图 3.2.14 接线，从信号发生器输出 $U_{P-P}=2$ V，$f=1$ kHz 的方波信号作为激励，通过示波器探头将激励和响应连接到通道 CH1 和 CH2，观察并描绘波形。

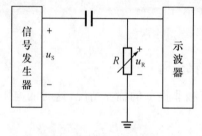

图 3.2.14　微分电路实验图

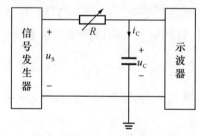

图 3.2.15　积分电路实验图

（3）观察微分电路输出电压波形及时间常数对波形的影响。按如图 3.2.14 所示电路接线，调节信号发生器，使其输出频率为 500 Hz 的方波并使输出电压幅值为最大，适当调节示波器，使屏幕上出现 3～5 个稳定波形，将电阻箱分别调至 $R=51\ \Omega$、$100\ \Omega$、$300\ \Omega$、1 kΩ、10 kΩ、100 kΩ，观察和描绘波形，记入表 3.5。

（4）观察积分电路输出电压波形及时间常数对波形的影响。按图 3.2.15 接线，调节步骤同任务（3），将电阻箱分别调至 $R=51\ \Omega$、$100\ \Omega$、$300\ \Omega$、1 kΩ、10 kΩ、100 kΩ，观察并描绘波形，记入表 3.5 中。

表 3.5　微分电路与积分电路测量数据

$R(\Omega)$	51	100	300	1 000	10 000	100 000
$\tau(s)$						
微分输出 $u_R(V)$						
积分输出 $u_C(V)$						

（5）研究 RLC 电路的零输入响应与零状态响应。实验电路如图 3.2.16 所示。利用示波器观察 RLC 串联电路的 u_C 和 i_C 的波形，调节电阻 R，记录不同阻值时电路的响应波形。

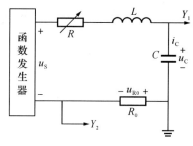

图 3.2.16　二阶电路的实验图

（6）测量欠阻尼情况下的衰减振荡频率 ω_d 和衰减系数 δ。根据图 3.2.12 测量周期 T_d 和峰值 U_{Cm1}、U_{Cm2}，计算出 $\omega_d = \dfrac{2\pi}{T_d}$，$\delta = \dfrac{1}{T_d} \ln \dfrac{U_{Cm1}}{U_{Cm2}}$。将测量值和理论值 $\omega_d = \sqrt{\dfrac{1}{LC} + \left(\dfrac{R}{2L}\right)^2}$，$\delta = \dfrac{R}{2L}$ 相比较（见表 3.6）。

表 3.6　衰减振荡频率 ω_d 和衰减系数 δ 的测量数据

U_{Cm1}	U_{Cm2}	T_d	ω_d		δ	
			测量值	理论值	测量值	理论值

3.2.5　注意事项

（1）用示波器观察响应的一次过程时，扫描时间要选取适当，当扫描亮点开始在荧光屏左端出现时，立即合上开关 S。

（2）观察 $u_C(t)$ 和 $i_C(t)$ 的波形时，由于其幅度差别较大，因此要注意调节 Y 轴的灵敏度。

（3）由于示波器和方波函数发生器的公共地线必须接在一起，因此在实验中，方波响应、零输入响应和零状态响应的电流取样电阻 r_0 的接地端不同，在观察和描绘电流响应波形时，注意分析波形的实际方向。

3.2.6　思考题

（1）当电容有初始电压时，RC 电路在阶跃激励下是否可能出现没有暂态过程的现象？为什么？

（2）改变激励电压的幅值是否会改变过渡过程的快慢？为什么？

（3）根据输出电压波形的变化规律，构成微分和积分电路的条件是什么？

（4）RLC 电路中，电阻 R 的数值变化对电路的过渡过程有何影响？

3.2.7　实验报告

（1）绘出 RC 电路的零输入响应和零状态响应波形。

（2）绘出 RC 电路的方波响应波形。

（3）完成表 3.5。

（4）绘出 RLC 电路在不同电阻 R 时电路的响应波形。

（5）完成表 3.6。

（6）回答思考题。

3.2.8 实验设备及主要器材

(1) 信号发生器   1 台
(2) 示波器   1 台
(3) 电阻、电感、电容及导线   若干
(4) 综合实验台   1 台

3.3 三相交流电路的测量

3.3.1 实验目的

(1) 学习三相负载的星形连接和三角形连接。
(2) 测量三相负载的星形连接各参数并验证它们间的相互关系。
(3) 测量三相负载的三角形连接各参数并验证它们间的相互关系。
(4) 分析三相电路中的中线作用。
(5) 学习三相功率的测量方法。

3.3.2 实验原理

1) 三相负载的连接

三相负载的基本连接方式有星形连接和三角形连接两种。对于星形连接,按其有无中线,又可分为三线制和四线制。根据三相电路的对称情况,可将三相电路分为对称三相电路和不对称三相电路。在实际三相电路中,一般情况下,三相电源是对称的,3 条端线阻抗是对称相等的,但负载不一定是对称的。

对称负载星形连接时,其线电压 U_L 和相电压 U_P、线电流 I_L 和相电流 I_P 间的关系是:

$$\left.\begin{array}{l} U_L = \sqrt{3}\,U_P \\ I_L = I_P \end{array}\right\}$$

对称负载三角形连接时,其线电压 U_L 和相电压 U_P、线电流 I_L 和相电流 I_P 间的关系是:

$$\left.\begin{array}{l} U_L = U_P \\ I_L = \sqrt{3}\,I_P \end{array}\right\}$$

2) 三相电路有功功率测量

对于三相四线制电路,如图 3.3.1 所示,无论负载是否对称,均可用三只功率表分别测出各相负载的有功功率,然后相加,得到三相电路的总有功功率,即 $p = p_A + p_B + p_C$。这种测量方法称为三表法。其中当电路负载对称时,只需要用一只功率表测出其中一相负载的有功功率,便可求出三相总有功功率,即 $p = 3p_A = 3p_B = 3p_C$。

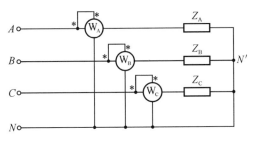
图 3.3.1 三表法测量三相功率示意图

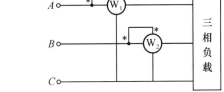
图 3.3.2 二表法测量三相功率示意图

对于三相三线制电路,如图 3.3.2 所示,无论负载是否对称,均可用两只功率表测出其总有功功率,这种方法称为二表法。利用瞬时值表达式可推出总有功功率为:

$$p = p_1 + p_2 = p_A + p_B + p_C$$

因为

$$p_1 = u_{AC}i_A = (u_A - u_C)i_A$$
$$p_2 = u_{BC}i_B = (u_B - u_C)i_B$$

且有

$$i_A + i_B + i_C = 0$$

所以

$$p_1 + p_2 = \frac{1}{T}\int_0^1 (u_A - u_C)i_A dt + \frac{1}{T}\int_0^1 (u_B - u_C)i_B dt$$
$$= \frac{1}{T}\int_0^1 u_A i_A dt + \frac{1}{T}\int_0^1 u_B i_B dt + \frac{1}{T}\int_0^1 u_C i_C dt = p_A + p_B + p_C$$

可见,两功率表读数的代数和等于三相负载的总有功功率。

两个功率表的读数分别为:

$$P_1 = U_L I_L \cos(30° - \varphi)$$
$$P_2 = U_L I_L \cos(30° + \varphi)$$

式中,φ——负载的功率因数角。

当 $\varphi < 60°$ 时,两个表的读数均为正值,总功率为两功率表的读数之和;当 $\varphi > 60°$ 时,其中一个表的读数为负值,总功率为两功率表读数之差。本实验负载为白炽灯泡,接近纯电阻负载,$\varphi = 0°$,故两功率表的读数均为正值,三相负载总功率为两功率表的读数之和。

3)三相电路无功功率测量

利用功率表采用适当的接线方式,可以测出三相电路中的无功功率。这里介绍对称三相负载无功功率的测量。

利用一只功率表测量对称三相负载的无功功率,如图 3.3.3 所示。将功率表的电流线圈串接于任一端线之中,而将其他电压线圈并联在另外两端线之间,则功率表的读数与对称三相负载的总无功功率的关系为:

$$Q = \sqrt{3}\,p$$

利用相量图(见图 3.3.4)很容易得到证明。功率表的读数为:

$$p = U_{AC}I_B\cos(90° + \varphi) = \sqrt{3}U_P I_P \cos(90° + \varphi) = -\sqrt{3}U_P I_P \sin\varphi$$

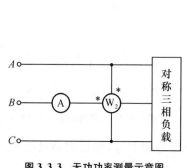

图 3.3.3　无功功率测量示意图

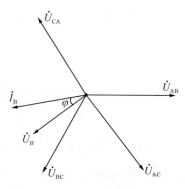

图 3.3.4　相量图

由于对称三相电路的总无功功率为：

$$Q = 3U_P I_P \sin\varphi$$

故得

$$Q = -\sqrt{3}\,p = -3U_P I_P \sin\varphi$$

式中,负号表示负载为感性;如果负载为容性,则无功功率为正值。应注意有功功率的单位为瓦(W),无功功率的单位为乏(var)。

应用二表法测量对称三相电路的无功功率,接线方式与图 3.3.2 相同。此时,两功率表的读数与三相负载的总无功功率之间的关系为：

$$Q = \sqrt{3}(p_1 - p_2)$$

这种测量方法只适用于对称三相负载的情况。应用二表法测量三相负载的有功功率之后,可以同时利用两功率表的读数计算出三相负载的无功功率,所以测量是很方便的。测量对称三相电路的无功功率还有其他的接线方式。

4) 中线的作用

对于星形连接的三相负载,当其不对称时,若没有中线,则负载中点 N' 的电位与电源中点 N 的电位不同,负载上各相电压将不再相等,线电压与相电压间 $\sqrt{3}$ 倍的关系遭到破坏。在三相负载均为白炽灯负载的情况下,灯泡标称功率最小(电路电阻最大)的一相,其灯泡最亮,相电压最高;灯泡标称功率最大(电路电阻最小)的一相,其灯泡最暗,相电压最低。在负载极不对称的情况下,相电压最高的一相可能将灯泡烧毁。

接中线后,负载中性点与电源中性点被强制为等电位,各相负载的相电压与相应的电源电压相等。因为电源电压是对称的,所以负载的相电压也是对称的,从而可以保证各相负载能够正常工作。

在实际应用中,中线上是不允许装开关和保险丝的。另外,中线的阻抗不能过大,否则也会导致负载的相电压不对称。

3.3.3　预习要求

(1) 理解对称三相电路、不对称三相电路的特点。
(2) 理解三相电路电压、电流、功率的测量方法。
(3) 理解三表法、二表法应注意的问题及各自的适用范围。

3.3.4 实验任务

1) 负载星形连接下,电压、电流、功率的测量

(1) 将灯泡负载按照图 3.3.5 作星形联接, 并请教师检查线路。

(2) 测量对称负载有中线和无中线时的电量。

(3) 测量不对称负载有中线和无中线时的电量。

将 B 相负载的灯泡增加一组,其他两相仍各为一组(不对称负载),分别测量有中线和无中线时的电量。

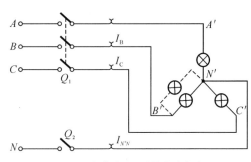

图 3.3.5 三相电路星形连接实验电路图

(4) 观察并分析在负载不对称有中线、无中线情况下,测量数据和灯泡发光状态有什么差别,加深理解中线的作用。

注意:在断开中线时,由于各相电压不平衡,测量完毕应立即断开电源或接通中线。

实验数据填入表 3.7 中。

表 3.7 负载星形连接测量数据

负载情况	灯泡只数			线电压(V)			相电压(V)			线电流(mA)			中线电流(mA)	中线电压(V)	功率(W)(三表法/二表法)			
	A	B	C	$U_{A'B'}$	$U_{B'C'}$	$U_{C'A'}$	$U_{A'N'}$	$U_{B'N'}$	$U_{C'N'}$	I_{LA}	I_{LB}	I_{LC}	$I_{N'N}$	$U_{N'N}$	P_1	P_2	P_3	P
对称Y,有中线																		
对称Y,无中线																		
不对称Y,有中线																		
不对称Y,无中线																		

2) 负载三角形连接下,电压、电流、功率的测量

(1) 将灯泡负载按照图 3.3.6 作三角形联接,并请教师检查线路。

(2) 测量对称负载时的电量。

(3) 测量不对称负载时的电量。

实验数据填入表 3.8 中。

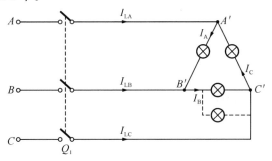

图 3.3.6 三相电路三角形形连接实验电路图

表 3.8 负载三角形连接测量数据

负载情况	灯泡只数			线电流(mA)			相电流(mA)			线电压(V)			功率(W)(二表法)		
	A	B	C	I_{LA}	I_{LB}	I_{LC}	I_A	I_B	I_C	$U_{A'B'}$	$U_{B'C'}$	$U_{C'A'}$	P_1	P_2	P
对 称	1	1	1												
不对称	1	2	1												
	1	1	0												

3.3.5 注意事项

(1) 接线前,调准三相调压器的输出电压。尤其注意的是在三角形接线时由于相电压等于线电压,所以不能使用 380 V 线电压,可通过调压输出将线电压调至 220 V。

(2) 灯泡正常发光后,避免实验用线搭在灯泡上。

(3) 各参数测量要在负载侧进行。

(4) 测量功率时,有中线的情况用三表法,无中线的情况用二表法。

(5) 星形连接时,负载不对称无中线时,负载较轻的一相的相电压会超过灯泡额定值,注意时间不要过长。

3.3.6 思考题

(1) 试说明在三相四线制电路中(对称三相电源)负载对称与否对中线电流的影响。为什么中线阻抗不宜过大?

(2) 总结对称三相电路的特点。

(3) 总结不对称三相电路的特点。

(4) 总结三表法与二表法应注意的问题及各自的适用范围。

(5) 为什么星形连接的负载一相变动时,会影响其他两相;而三角形连接的负载一相变动对其他两相没影响。

(6) 根据表 3.3.2 第二次测得的电流数据,按比例画出它们的相量图。这时,三个线电流在相位上是否还彼此相差 120°,它们是否还对称?

(7) 当负载是三角形连接时,若三条线路中有一条线路断,三相负载电压会出现什么变化?为什么?试用测量结果进行分析。

3.3.7 实验报告要求

(1) 根据测量结果,计算相应的三相总功率 P,并比较各种情况下相、线量有何不同。

(2) 回答思考题。

3.3.8 实验设备及主要器材

名称	数量	型号
(1) 三相空气开关	1块	MC1001
(2) 三相熔断器	1块	MC1002

（3）三相负载板	2块	MC1093
（4）单相电量仪	1块	MC1098
（5）三相功率表板	1块	MC1026
（6）电流插孔板	1块	MC1023B
（7）安全导线与短接桥	若干	P12-1 和 B511

3.4 串联谐振电路的测试

3.4.1 实验目的

（1）加深对串联谐振电路特性的理解。

（2）学习测绘 RLC 串联谐振电路通用谐振曲线的方法，了解电路 Q 值对通用谐振曲线的影响。

（3）通过对电路的 $U_L(\omega)$ 与 $U_C(\omega)$ 的测量，了解电路 Q 值的意义。

（4）学习使用低频信号发生器和晶体管毫伏表等有关仪器。

3.4.2 实验原理

1）RLC 串联电路谐振的条件及谐振频率

由电感线圈和电容串联组成的 RLC 串联电路如图 3.4.1 所示，其端口阻抗为：

$$Z = \frac{\dot{U}}{\dot{I}} = R + j\left(\omega L - \frac{1}{\omega C}\right)$$

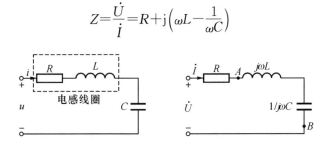

(a) RLC串联谐振电路的时域模型　　(b) RLC串联谐振电路的相量模型

图 3.4.1　RLC 串联谐振电路

当满足 $\omega L - \frac{1}{\omega C} = 0$ 或 $\omega L = \frac{1}{\omega C}$ 条件时，电路呈电阻性，二端网络端口的电压和电流同相位，此时，RLC 串联电路发生了谐振。满足谐振时的信号频率用 ω_0 或 f_0 表示，即

$$\left. \begin{aligned} \omega_0 &= \frac{1}{\sqrt{LC}} \\ f_0 &= \frac{1}{2\pi\sqrt{LC}} \end{aligned} \right\}$$

上式说明一个 RLC 串联电路的谐振频率只与电路的元件参数有关，在元件参数 L 和 C 确定后，电路的谐振频率也就确定了，因此谐振频率也可以称为电路的固有频率。使电路发生谐振有两种方法：一是改变输入信号的频率，使信号频率与电路的固有频率相等；二是改

变电路元件参数 L 或 C，使电路的固有频率与输入信号频率相等。

RLC 串联电路在谐振时，感抗和容抗在数值上相等，这个谐振时的感抗和容抗称为谐振电路的特性阻抗，用 ρ 表示，即

$$\rho = \omega_0 L = \frac{1}{\omega_0 C} = \sqrt{\frac{L}{C}}$$

特性阻抗 ρ 是一个与频率无关的量，它取决于电路动态元件的参数。

在无线电技术中，常将谐振时电路的感抗或容抗与电路的电阻 R 的比值称为品质因数，用 Q 表示。品质因数可以用来表征谐振电路的性能，是一个与电路参数有关的常数。

$$Q = \frac{\omega_0 L}{R} = \frac{1}{\omega_0 CR} = \frac{1}{R}\sqrt{\frac{L}{C}}$$

2) RLC 串联谐振电路的特点

在 RLC 串联电路发生谐振时，由于 $\omega_0 L = \dfrac{1}{\omega_0 C}$，电路的阻抗最小，

$$Z_0 = R + j\left(\omega_0 L - \frac{1}{\omega_0 C}\right) = R$$

为一个纯电阻。电路中的电流将达到最大值，用 I_0 表示为：

$$I_0 = \frac{U_S}{R}$$

I_0 称为谐振电流，它是电路谐振时的一个重要特征，常用来判断电路是否发生了串联谐振。

在谐振时，各元件上的电压分别为：

$$\left.\begin{array}{l} \dot{U}_R = \dot{I}_0 R = \dot{U}_S \\[4pt] \dot{U}_L = jX_L\,\dot{I}_0 = j\omega L\,\dot{I}_0 \\[4pt] \dot{U}_C = -jX_C\,\dot{I}_0 = -j\dfrac{1}{\omega C}\dot{I}_0 \end{array}\right\}$$

电感和电容上的电压大小相等，方向相反，互相抵消，在图 3.4.1(b) 中，A、B 两点之间可以看成短路。电阻上的电压等于电源电压，所以串联谐振又称电压谐振。

谐振时电阻、电感和电容上的电压有效值为：

$$\left.\begin{array}{l} U_R = U_S \\[4pt] U_L = U_C = QU_S \end{array}\right\}$$

上式说明谐振时两个动态元件上的电压是电源电压的 Q 倍。在电子和通信工程中，若 $Q \gg 10$，则微弱信号可以通过串联谐振在电感和电容上获得远高于信号电压的放大信号而得于利用。在电力工程中，由于电源电压本身较高，需避免因串联谐振而可能引起的过高电压损坏电气设备。

3) RLC 串联谐振电路的频率特性

RLC 串联电路的电流与激励电源的角频率的关系称为电流的幅频特性，表达式为：

$$I(\omega) = \frac{U_S}{\sqrt{R^2 + \left(\omega L - \dfrac{1}{\omega L}\right)^2}} = \frac{U_S}{R\sqrt{1 + Q^2\left(\dfrac{\omega}{\omega_0} - \dfrac{\omega_0}{\omega}\right)^2}}$$

幅频特性曲线称为串联谐振曲线,如图 3.4.2 所示。

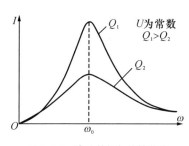

图 3.4.2 电流的幅频特性曲线

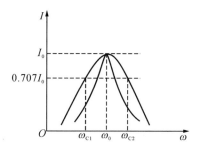

图 3.4.3 串联电路的带通特性曲线

谐振曲线越尖,表示电路的选频特性越好,即 Q 值越高,曲线越尖锐,电路的选择性越高。

当 $\omega < \omega_0$ 时,$\omega L < \dfrac{1}{\omega C}$,电路呈容性;而当 $\omega > \omega_0$ 时,$\omega L > \dfrac{1}{\omega C}$,电路呈感性。$\omega$ 越偏离 ω_0,$|Z(\omega)|$ 越大,因此,电路电流在 $\omega = \omega_0$ 处最大,当 ω 偏离 ω_0 时电流幅值变小,而且 ω 越偏离 ω_0 电流幅值越小,一直到电流幅值趋于零。串联电路的带通特性曲线如图 3.4.3 所示,分布在通带两侧,通带与阻带的分界频率是电流幅值下降到最大值的 $\dfrac{1}{\sqrt{2}}$ 时,所对应的频率分别为下限截止频率 ω_{c1} 和上限截止频率 ω_{c2},两个截止频率之间的频率范围就是通频带 B。

$$B = \omega_{c2} - \omega_{c1} \quad 或 \quad B = f_{c2} - f_{c1}$$

通频带 B 与品质因数 Q、谐振频率 ω_0 或 f_0 满足关系:

$$B = \frac{\omega_0}{Q} \quad 或 \quad B = \frac{f_0}{Q}$$

显然,Q 值越高,相对通频带 B 越窄,电路的选择性越好。

如果测出 ω_2、ω_1、ω_0,可得到电路的品质因数 Q:

$$Q = \frac{1}{\dfrac{\omega_2}{\omega_0} - \dfrac{\omega_1}{\omega_0}}$$

4)串联谐振电路中的电感电压和电容电压

电感上的电压 U_L 为:

$$U_L = \omega L I = \frac{\omega L U_S}{\sqrt{R^2 + \left(\omega L - \dfrac{1}{\omega C}\right)^2}}$$

电容两端的电压 U_C 为:

$$U_C = \frac{1}{\omega C} = \frac{U_S}{\omega C \sqrt{R^2 + \left(\omega L - \dfrac{1}{\omega C}\right)^2}}$$

显然,U_L 和 U_C 都是激励源角频率 ω 的函数,$U_L(\omega)$ 和 $U_C(\omega)$ 曲线如图 3.4.4 所示。

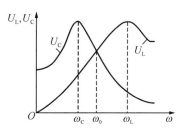

图 3.4.4 RLC 串联电路的 $U_L(\omega)$ 和 $U_C(\omega)$ 曲线

3.4.3　预习要求

(1) 预习函数发生器和示波器的使用方法。

(2) 预习晶体管毫伏表的使用方法。

(3) 复习串联谐振电路的相关知识。

(4) 根据实验电路给定的参数计算谐振频率和品质因数的理论值。

3.4.4　实验任务

(1) 测 RLC 串联电路的谐振频率和品质因数。

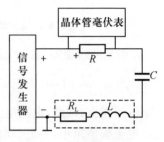

按实验电路图 3.4.5 接线。选用 $L=10\ mH$ 的电感线圈，$C=0.22\ \mu F$ 的电容，$R=200\ \Omega$ 的电阻。保持信号发生器输出电压有效值 $U_S=5\ V$ 不变，改变信号发生器的输出频率，当毫伏表的读数为最大时，信号发生器的频率即为串联电路的谐振频率 f_0。用晶体管毫伏表测量电容电压 U_C（注意毫伏表的量程选择）。将数据计入表 3.9 中，计算品质因数 Q 的值。

图 3.4.5　RLC 串联谐振电路的测量电路

表 3.9　RLC 串联电路的谐振频率和品质因数值

谐振频率 f_0	$U_R(V)$	电容电压 $U_C(V)$	计算品质因数 Q 值

(2) 测 RLC 串联电路的电流幅频响应和 $U_L(\omega)$、$U_C(\omega)$。

实验电路如图 3.4.5。保持信号发生器输出电压有效值（或峰-峰值）$U_S=5\ V$ 不变，改变信号发生器的输出频率，记录不同频率下晶体管毫伏表的读数，注意在谐振频率附近多测试几个点。将实验数据填入表 3.10。

表 3.10　电流幅频响应和 $U_L(\omega)$、$U_C(\omega)$ 的测量数据

电源频率 f(Hz)			f_0(Hz)			
$U_R(V)$						
$U_C(V)$						
$U_L(V)$						
计算 $I(A)$						
计算 $X_L(\Omega)$						
计算 $X_C(\Omega)$						
计算品质因数 Q						

(3) 保持图中的电感线圈、电容和电阻不变，增加一个串联电阻，重复前面的步骤，测量品质因数，研究电路参数的变化对谐振曲线的影响。自行画出实验电路及数据表格。

3.4.5　注意事项

(1) 谐振曲线的测定要在电源电压保持不变的条件下进行，因此，信号发生器改变频率时应对其输出电压及时调整，保持为 5 V。

(2) 在谐振频率附近多选几组测量数据，以保证谐振曲线的顶点绘制精确。

（3）测量谐振时电容电压时应将晶体管毫伏表的量程调大。

（4）测量时要注意信号源、毫伏表等仪器的共地连接。

3.4.6　思考题

（1）实验中为什么要保持信号发生器的输出电压有效值不变？

（2）实验中电路发生谐振时,能否用测量电感线圈的电压计算 Q 值? 是否有 $U_S=U_R$,和 $U_L=U_C$? 为什么?

（3）实验结果中谐振时电阻上的电压不是等于而是略小于输入电压,这是为什么?

3.4.7　实验报告

（1）根据测量数据计算 Q 值。

（2）根据测量数据,在坐标纸上绘出不同 Q 值下的通用幅频特性曲线,$U_L(\omega)$、$U_C(\omega)$曲线以及 $X_C\omega$、$X_L\omega$、$X_L\omega$ 曲线,分别与理论计算值相比较,并作简略分析,说明 Q 值对谐振曲线的影响。

（3）回答思考题。

3.4.8　实验设备及主要器材

（1）信号发生器　　　　　　　　　　　　　　1台

（2）晶体管毫伏表　　　　　　　　　　　　　1台

（3）示波器　　　　　　　　　　　　　　　　1台

（4）电阻、电感、电容及导线　　　　　　　　若干

3.5　互感线圈参数的测量

3.5.1　实验目的

（1）观察交流电路的互感现象。

（2）掌握互感线圈同名端的判别方法。

（3）掌握互感系数和耦合系数的测量方法。

3.5.2　实验原理

1）同名端的测定

两个或两个以上具有互感的线圈中,感应电动势（或感应电压）极性相同的端钮定义为同名端（或称同极性端）。在电路中,常用"·"或"＊"等符号标明互感耦合线圈的同名端。同名端可以用实验方法来确定,常用的有直流法和交流法。

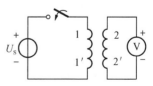

图 3.5.1　直流法确定互感线圈的同名端

（1）直流法

如图 3.5.1 所示,当开关 S 合上瞬间,$\dfrac{\mathrm{d}i_1}{\mathrm{d}t}>0$,在线圈 1-1′中

产生的感应电压 $u_1 = L_1 \dfrac{\mathrm{d}i_1}{\mathrm{d}t} > 0$，如果线圈 2-2′ 中产生的感应电压 $u_2 = M \dfrac{\mathrm{d}i_1}{\mathrm{d}t} > 0$（电压表正偏转），则线圈 2-2′ 的 2 端与 1-1′ 线圈中的 1 端均为感应电压的正极性端，1 端与 2 端为同名端；反之，若电压表反偏转，则 1 端与 2′ 端为同名端。

　　如果在开关 S 打开时，$\dfrac{\mathrm{d}i_1}{\mathrm{d}t} < 0$，同样可用以上的原理来确定互感线圈内感应电压的极性，以此确定同名端。

　　同名端也可以这样来解释：当开关 S 打开或闭合瞬间，电位同时升高或降低的端钮即为同名端。如图 3.5.1 中，开关 S 合上瞬间，电压表若正偏转，则 1、2 端的电位都升高，所以，1、2 端是同名端。这时若将开关 S 再打开，电压表必反偏转，1、2 端的电位都降低。

　　（2）交流法

　　如图 3.5.2 所示，将两线圈的 1′-2′ 串联，在 1-1′ 加交流电源。分别测量 $\dot{U}_1$、$\dot{U}_2$ 和 $\dot{U}_{12}$ 的有效值，若 $U_{12} = U_1 - U_2$，则 1 端和 2 端为同名端；若 $U_{12} = U_1 + U_2$，则 1 端与 2′ 端为同名端。

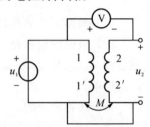

图 3.5.2　交流法确定互感
线圈的同名端

　　2）互感系数 M 的测定

　　测量互感系数的方法较多，这里介绍两种方法。

　　（1）如图 3.5.3 表示的两个互感耦合线圈的电路，当线圈 1-1′ 接正弦交流电压，线圈 2-2′ 开路时，则 $\dot{U}_{20} = \mathrm{j}\omega M \dot{I}_1$，互感 $M = \dfrac{U_{20}}{\omega I_1}$，其中 ω 为电源的角频率，I_1 为线圈 1-1′ 中的电流。为了减少测量误差，电压表应选用内阻较大的。

　　（2）利用两个互感耦合线圈串联的方法也可以测量它们之间的互感系数。当两线圈顺向串联时，其等值电感为 $L_{顺} = L_1 + L_2 + 2M$。当两线圈反向串联时，等值电感为 $L_{反} = L_1 + L_2 - 2M$。只要分别测出 $L_{顺}$、$L_{反}$，则 $M = \dfrac{L_{顺} - L_{反}}{4}$。

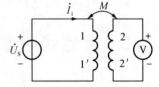

图 3.5.3　测量开路互感电压

　　实验中要测量线圈的自感时，可以用相位法测量，测量出线圈的端电压 U、电流 I 和相角 ϕ，则可以计算出线圈的自感系数 L：

$$L = \frac{X_L}{\omega} = \frac{U \sin \Phi}{I \omega}$$

　　利用两互感线圈顺向串联时等效电感大，反向串联时等效电感小的特点，在相同电压下，电流的大小将不相同，这样也能判断两线圈的同名端。

　　3）反射阻抗

　　在互感耦合电路中，如图 3.5.4 所示，若在线圈 1-1′ 上施加电压 $\dot{U}_S$，在线圈 2-2′ 端接入阻抗 Z_L，则：

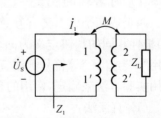

$$Z_1 = \frac{\dot{U}_S}{\dot{I}_1} = \left(R_1 + \frac{\omega^2 M^2}{R_{22}^2 + X_{22}^2} R_{22} \right) + \mathrm{j} \left(X_1 - \frac{\omega^2 M^2}{R_{22}^2 + X_{22}^2} X_{22} \right)$$

$$= (R_1 + R_{1f}) + \mathrm{j}(X_1 + X_{1f})$$

式中：$X_1 = \omega L_1$，$R_{22} = R_2 + R_L$，$X_{22} = \omega L_2 + X_L$。$R_1 + \mathrm{j}X_1$

图 3.5.4　互感耦合电路的入端阻抗

是原边的复阻抗，$R_2+j\omega L_2$ 是副边的复阻抗，R_L+jX_L 是引入副边的复阻抗。副边电路对原边电路的反射电阻 R_{1f} 和反射电抗 $X_{1分}$ 别为：

$$R_{1f}=\frac{X_M^2}{R_{22}^2+X_{22}^2}R_{22}, \quad X_{1f}=\frac{-X_M^2}{R_{22}^2+X_{22}^2}X_{22}$$

由此可见，当线圈 2-2′ 接入感性负载时，将使入端电阻增大，入端感抗减少；若线圈 2-2′ 接入容性负载时，且 $X_{22}=\omega L_2+X_L$ 为容性，X_{1f} 为感性，将使入端电阻和入端感抗增大。

3.5.3　预习要求

（1）预习互感线圈同名端的意义。
（2）复习互感线圈的结构和工作原理。
（3）预习调压变压器的使用方法。

3.5.4　实验任务

1）观察互感现象
（1）按图 3.5.5 接线，观察铁心的插入对互感线圈的影响。实验时需要注意：先将调压变压器的电压调到最小值 0 V，然后再按图接线，慢慢调高调压变压器的输出电压，使电压表有电压输出。电流表读数必须小于互感线圈允许的最大电流，以免损坏线圈。

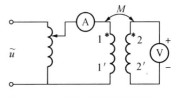

图 3.5.5　观察互感现象的电路

（2）将 U 型铁芯从两个线圈中抽出和插入，观察电流表和电压表读数的变化，记录现象。
（3）改变两线圈的相对位置，观察电流表和电压表读数。

2）测定两互感耦合线圈的同名端
分别用如图 3.5.1 和图 3.5.2 所示的直流法与交流法，测定两个耦合线圈的同名端，其中直流法 U_S 取 9 V，交流法 u_1 的有效值取 5 V。判断两种方法测定的同名端是否相同。在测量时，两个线圈都必须插入一个条形铁芯（或者在两线圈内插入一个公共 U 型铁芯），以增强耦合的程度。记下两线圈的同名端编号。

3）测定两互感耦合线圈的互感系数 M
（1）在测定线圈同名端的基础上，将两个线圈顺向串联（异名端相连），如图 3.5.6 所示，在经过指导老师检查无误后将调压变压器输出电压调到 0 V，接通电源。调节调压变压器输出电压，使回路电流达到 0.4 A，将功率表、电流表和电压表测量数据填入表 3.5.1 中。

（2）将调压变压器输出电压调到 0 V 后切断电源，将线圈反接，即将图 3.5.6 中线圈 2-2′ 两端对调。重复前一步骤，将测量结果填入表 3.11 中。

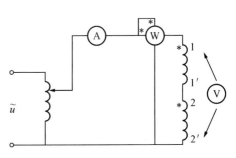

图 3.5.6　互感线圈顺向串联电路

表 3.11　互感系数的测量

线圈接法	测量值			计算值		
	$I(A)$	$U(V)$	$P(W)$	$L(H)$	$R(\Omega)$	$M(H)$
顺向串联						
反向串联						

3.5.5　注意事项

(1) 电源电压为 220 V,注意安全。

(2) 使用调压变压器时,原线圈和副线圈不能接错,调压变压器在接入电路前和使用完后,应把副线圈输出电压值调到 0 伏的位置。

(3) 遇到异常情况,应立即断开电源,经老师检查后方可继续实验。

(4) 自耦变压器不能作为安全变压器使用,其原、副方不得接错。

(5) 自耦变压器上面的刻度盘只示意电压的大小范围,不作为准确的电压值指示,所以给出电压的大小应该用电压表具体测量。

3.5.6　思考题

(1) 解释各种方法判断同名端的原理。

(2) 在实验过程中,为什么要将自耦变压器的原、副绕组的公共端接电源的中线?

3.5.7　实验报告

(1) 根据测量结果判断互感线圈的同名端。

(2) 根据测量数据,计算互感系数。

3.5.8　实验设备及主要器材

(1) 单相调压器　　　　　　　　　　　　　　　　　　　1 块
(2) 互感耦合线圈　　　1 000 N * 1　500 N * 1　　　1 组
(3) U 型铁芯　　　　　　　　　　　　　　　　　　　　1 副
(4) 交流电流表　　　　　　　　　　　　　　　　　　　一只
(5) 交流电压表　　　　　　　　　　　　　　　　　　　一只

3.6　互感线圈参数的测量

3.6.1　实验目的

(1) 了解变压器的构造和铭牌意义。

(2) 用实验方法确定变压器绕组的同名端。

(3) 测定变压器的变压比、变流比及阻抗变换。

(4) 掌握变压器的空载特性和外特性。

(5) 验证变压器的电压、电流及阻抗变换作用。

3.6.2 实验原理

变压器用途广泛、种类繁多。按照相数可分为单相变压器、三相变压器。图 3.6.1(a)为单相变压器的等效电路图,这是一种被理想化、抽象化的变压器。在电路理论中变压器与电阻、电感、电容一样是基本电路元件。图 3.6.1(b)是理想变压器的电路模型,AX 是变压器的原边(初级)绕组,ax 是副边(次级)绕组。

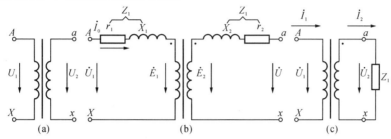

图 3.6.1　单相变压器

1)变压器的变比

当变压器副边开路,在原边施加交流电压时,电压方程为:

$$\dot{U}_1 = \dot{I}_0 Z_1 - \dot{E}_1$$

$$\dot{U}_2 = -\dot{E}_2$$

式中:$Z_1 = r_1 + jX_1$——原绕组漏阻抗;

　　$E_1 = 4.44 f N_1 \phi_m$——原边感应电势;

　　副边感应电势 $E_2 = 4.44 f N_2 \phi_m$,I_0——空载电流,约为额定电流的 $2\% \sim 10\%$;

　　ϕ_m——主磁通。

N_1、N_2 为变压器原、副绕组的匝数。由于原边漏阻抗 Z_1 一般很小,可忽略 $\dot{I}_0 Z_1$ 项,则

$$\frac{U_1}{U_2} = \frac{E_1}{E_2} = \frac{N_1}{N_2} = n$$

式中:n——变压器的变比。

变压器负载运行时,如图 3.6.1(c)所示,由磁势平衡原理可写出磁势平衡方程式:

$$\dot{I}_1 N_1 + \dot{I}_2 N_2 = \dot{I}_m N_1$$

式中:I_m——励磁电流,可近似等于空载电流 I_0,若将其略去不计,则:

$$\frac{I_1}{I_2} = \frac{N_2}{N_1} = \frac{1}{n}$$

即原、副边的电流有效值之比近似与它们的变比成反比。在不同变比下,可将原边电流 I_1 变换成数值不同的副边电流 I_2,这就是变压器的变换电流作用。

当变压器接上负载阻抗 Z_L,由欧姆定律得副边电流 $\dot{I}_2 = \frac{\dot{U}_2}{Z_L}$,再根据变压器电流变换作用,可得原边电流 I_1。根据一端口网络及等效阻抗原理,如图 3.6.2 所示,从原边看,可

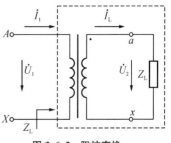

图 3.6.2　阻抗变换

得到包括变压器和负载阻抗在内的等效阻抗 Z'_L。假设变压器是理想的,可略去的原、副边漏阻抗 Z_1,Z_2 和励磁电流 $I(\approx I_0)$,则有

$$Z'_L = \frac{\dot{U}_1}{\dot{I}_1} = n^2 Z_L$$

由此可见,当负载阻抗 Z_L 经一变比为 n 的变压器接到电源电压 U_1 上时,相当于一等效阻抗 $Z'_L = \dfrac{\dot{U}_1}{\dot{I}_1} = n^2 Z_L$ 直接接到此电源上,这就是变压器的变换阻抗作用。

2) 变压器的空载特性

变压器的空载特性是指变压器在空载运行时一次电压 U_1 与一次电流 I_1 的关系 $U_1 = f(I_1)$。空载时的变压器相当于一个交流铁心线圈,其一次绕组的空载电流和铁心中的磁通是非线性关系,与一次绕组的电压也是非线性关系,如图 3.6.3 所示。当变压器一次绕组电压达额定电压值时,一次空载电流是变压器的质量指标之一,此时的空载电流约为额定电流的 10%。一般该值越小越好。

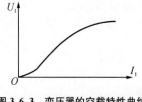
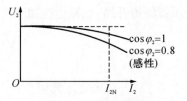

图 3.6.3　变压器的空载特性曲线　　　　图 3.6.4　变压器的外特性曲线

3) 变压器的外特性及电压调整率

变压器带负载运行时,在一次绕组所加电压 U_{1N} 不变的情况下,二次绕组的输出电压 U_2 随着输出电流 I_2 的变化而变化,$U_2 = f(I_2)$ 称为变压器的外特性,如图 3.6.4 所示。一般 U_2 随着 I_2 的增加下降越少越好。

当变压器的一次绕组接额定电压 U_{1N},二次绕组带负载后,电压 U_2 比空载时的电压 U_{2N} 下降了 $U_{2N} - U_2$,它与 U_{2N} 的比值称为电压调整率(也称电压变化率),用 $\Delta U\%$ 表示:

$$\Delta U\% = \frac{U_{2N} - U_2}{U_{2N}} \times 100\%$$

一般变压器的电压调整率在 3%~5%。

本次实验内容是围绕实验用变压器,判断原、副两个绕组的同名端,按要求进行联接。然后测定其电压比、电流比及阻抗变换。自耦变压器为实验用变压器原线圈提供电压。

3.6.3　预习要求

(1) 复习变压器的基本结构和工作原理。

(2) 理解变压器的同名端的概念。

(3) 了解本次实验的内容及注意事项。

3.6.4 实验任务

1) 变压器变比的测定

按图 3.6.5 接线,在通电前将调压变压器的输出调到 0 V。合上电源开关,测得空载时(即开关 S_1、S_2 都断开)U_{1N} 及 U_{2N},计入表 3.12 中,计算变压器的电压比。

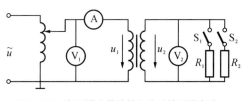

图 3.6.5 变压器空载特性和外特性测量电路

表 3.12 变压器电压比的测量

U_{1N}(V)	U_{2N}(V)	计算电压比

2) 变压器空载特性的测定

按图 3.6.5 接线,将调压变压器的输出调到 0 V。合上电源开关,调节变压器的电压,使 U_1 从 0 V 逐渐增大到 U_{1N},逐次测量出 U_1 对应的 I_1,计入表 3.13 中。

表 3.13 变压器空载特性测量数据

U_1(V)	0	30	60	90	120	U_{1N}
I_1(A)						

3) 变压器外特性的测定

按图 3.6.9 接线,将调压变压器的输出调到 0 V。合上电源开关,调节变压器的电压,使实验变压器的输入电压保持 36 V,输出端接入负载电阻箱,改变电阻测得副线圈输出的电压和电流,填入表 3.14。注意:副线圈电流不得超过 0.5 A。

表 3.14 变压器外特性测量数据

负载情况	测量值	
	U_2(V)	I_2(A)
负载开路		
S_1 闭合		
S_2 闭合		
S_1、S_2 闭合		

3.6.5 注意事项

(1) 电源电压为 220 V,远大于 36 V 的安全电压,要注意人身安全,严禁带电接、拆实验电路。

(2) 使用自耦变压器时要先将变压器输出电压调到零,再合上开关 S。调压时用电压表监测其输出电压,防止输到实验变压器上的电压过高而损坏变压器。

(3) 测量变压器的外特性时,改变变压器负载后,要注意保持自耦变压器的输出电压 36 V 不变。

(4) 实验过程中遇到异常情况,应立即断开电源,经指导教师检查允许后,方可继续实验。

3.6.6 思考题

(1) 测外特性时,将低压绕组作为一次侧的优点是什么?

(2) 实验过程中为什么将自耦变压器一、二次侧的公共端接电源零线?

(3) 若变压器原方两绕组由于同名端判别错误,串联使用时会出现什么后果?为什么变压器用"VA"表示容量,而不用"W"表示?

3.6.7 实验报告

(1) 根据测量数据,判断变压器的同名端。

(2) 根据测量数据,计算变压器的变比,并与变压器铭牌上的标称值对照比较。

(3) 根据测量数据,绘出变压器的空载特性曲线和外特性曲线;计算满载(二次侧电流达到额定值)变压器的电压调整率。

(4) 回答思考题。

3.6.8 实验设备及主要器材

(1) 自耦变压器   1台
(2) 实验变压器(220 V/36 V,50 V·A)   1台
(3) 交流电压表   1块
(4) 交流电流表   1块
(5) 灯泡   6个

3.7 非正弦交流电路的测量

3.7.1 实验目的

(1) 观察非正弦波的合成。

(2) 观察非正弦周期电流电路中电感、电容器对电流波形的影响。

(3) 理解非正弦电压有效值与各次谐波有效值之间关系。

3.7.2 实验原理

1) 非正弦交流电路

非正弦周期电流电路中的电压和电流信号常用傅里叶级数展开成一系列的谐波分量来计算。非正弦周期电压和电流的有效值为:

$$U=\sqrt{U_0^2+U_1^2+U_2^2+\cdots}$$

$$I=\sqrt{I_0^2+I_1^2+I_2^2+\cdots}$$

式中 U_0、I_0 分别为电压和电流的直流分量,U_1、$U_2\cdots$ 和 I_1、$I_2\cdots$ 分别为电压和电流的一系列谐波分量的有效值。

本实验采用两个不同频率的正弦电源构成非正弦交流电源,如图 3.7.1 所示。其中 D_1 为

基波电源,频率 $f_1 = 50\ \text{Hz}$,输出电压 u_1 的大小可由其输入端的调压器调节改变。D_2 为三次谐波电源,频率 $f_2 = 150\ \text{Hz}$,由相电压为 380 V 的三相电源供电给变压器,输出电压 u_3 约为 6 V。若把 D_1 与 D_2 串联,便组成一个非正弦波电源,其端电压 u 即为一非正弦波。

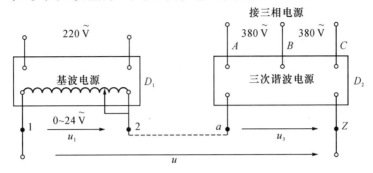

图 3.7.1　非正弦周期交流电压(1)

在图 3.7.1 中,若把 2 端与 a 端连接,则 $u = u_3 + u_1$;但若把 1 端与 a 端连接,把 2 端和 z 端作为输出端,则 $u = u_3 - u_1$,如图 3.7.2 所示。显然,两种接法所得到的波形 u 是不同的。

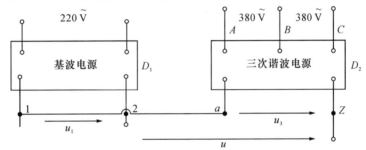

图 3.7.2　非正弦周期交流电压(2)

由于电感对于高频电流有抑制作用,而电容则相反,所以图 3.7.3 中的 L、C 元件组成一个"低通滤波器",它的作用是"滤去"非正弦波 u 中的三次谐波分量,从而使负载电阻的端电压 u_R 的波形接近正弦。

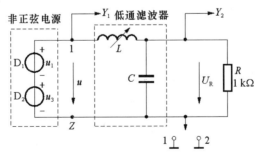

图 3.7.3　低通滤波器电路

3.7.3　预习要求

(1) 复习有关波形合成、滤波器的知识。

(2) 根据实验任务,用方格纸先画好绘制各步骤波形所需的坐标。

(3) 将实验中所要观察的波形先用铅笔在画好的坐标上定性地画出,以便与实验中观察到的波形作对比。

3.7.4 实验任务

(1) 观察基波、三次谐波及其叠加后的波形。

步骤 1：按图 3.7.1 接线（先不要把 2 端和 a 端连接）。把点 A、B、C 对应接入三相电源（取线电压为 220 V），用电压表测量 u_3，然后调调压器，使 $u_1 = u_3$。用双线示波器观察 u_1 和 u_3 波形。双线示波器输入端的连接方法见图 3.7.4，其中箭头及旁边的 Y_1，Y_2 等符号与双线示波器的对应输入端相接。画下所观察到的波形。

 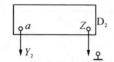

图 3.7.4 基波和三次谐波测量电路

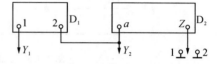

图 3.7.5 基波和三次谐波叠加后测量电路(1)

步骤 2：把图 3.7.1 中的 2 端与 a 端连接，观察并画下 u 及 u_3 的波形，示波器接线如图 3.7.5。

步骤 3：调调压器，使 $u_1 = 2u_3$ 和 $u_1 = 3u_3$，其余与步骤 1 和步骤 2 相同。

步骤 4：按图 3.7.2 接线，分别取 $u_1 = u_3$，$u_1 = 2u_3$，$u_1 = 3u_3$，观察并记下 u 和 u_3 的波形，示波器接线如图 3.7.6（1 与 a 相连）。

(2) 观察 L、C 元件对非正弦波形的影响（滤波作用）。

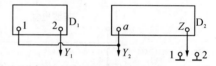

图 3.7.6 基波和三次谐波叠加后测量电路(2)

步骤 5：按图 3.7.2 接线，其中 L 为铁芯线圈。取 $u_1 = 2u_3$，基波电源与三次谐波电源接线按 $U = U_1 + U_3$。调节电感线圈铁芯改变电感值，用双线示波器观察 u 及 u_R 波形，找出 u_R 最接近正弦波时的 L 值，并画下此时的 u 和 u_R 波形（画在同一坐标上）。

3.7.5 注意事项

(1) 变压器必须正确连接。
(2) 变换电路必须切断电源。
(3) 根据被测电量合理选择测量仪表。

3.7.6 思考题

(1) 测量非正弦交流电压时应选用何种类型的仪表（如磁电式、电磁式、电动式、整流式）？各种仪表的读数表示的含义有何不同？
(2) 本实验中测量 u_1、u_3 的有效值时可以用万用表的交流挡吗？为什么？

3.7.7 实验报告

(1) 根据实验任务的要求，用方格纸绘制各有关波形，并加上说明（每一步骤所有波形均应将基波、三次谐波及叠加结果画在同一坐标上）。

（2）分析电感和电容对非正弦电流波形的影响。

3.7.8 实验设备及主要器材

名称	数量	型号
（1）三相空气开关	1 块	MC1001
（2）单相调压器	1 块	MC1058D
（3）三次谐波电源	1 台	MC1048
（4）万用表	1 个	学校自备
（5）示波器	1 台	学校自备
（6）电阻	1 个	$1\ k\Omega$
（7）电容	2 个	$100\ \mu F$
（8）电感线圈	1 个	1 000 圈带铁芯
（9）短接桥和连接导线	若干	P8-1 和 50148
（10）实验用 9 孔插件方板	1 块	297 mm×300 mm

4 交流电动机实验

4.1 三相异步电动机点动和正反转控制

4.1.1 实验目的

(1) 熟悉继电接触器控制电路的原理。

(2) 掌握正、反转控制线路的工作原理及应用

(3) 熟练掌握正、反转控制线路的安装接线方法。

4.1.2 实验原理

在生产过程中,常常需要控制电动机的启动、停止、反转运行。如果通过手动控制,不但切换不方便,操作人员劳动强度大,而且操作安全性差,故只适合不经常启停及小容量的电动机。在实际应用中,电动机或其他电气设备的接通或断开,当前国内还较多地采用继电接触器控制系统,这是一种有触点的断续控制;另有无触点的控制系统采用 PLC 控制。本实验采用前一个方案。

1) 电动机的点动控制线路

如图 4.1.1 所示是最基本的点动控制线路的主电路和控制回路。它是采用按钮和接触器来控制三相异步电动机的最简单的控制线路。点动的动作原理为:

合上空气开关 QS→按住点动按钮 SB→接触器 KM 线圈通电→KM 常开(动合)主触点闭合→电动机 M 通电启动运行。

松开按钮 SB→接触器 KM 线圈断电→KM 主触点断开→电动机 M 失电停机。

2) 电动机的长动控制线路

如图 4.1.2 所示是电动机长动的主电路和控制回路,它的主电路与点动控制线路的主电路相同,控制回路在点动基础上增加了一个停止按钮 SB_1 和接触器的常开辅助触点。其动作原理为:

合上空气开关 QS→按下长动启动按钮 SB_2,控制回路形成通路→接触器 KM 线圈通电→KM 常开主触点、常开辅助触点闭合→电动机 M 通电启动运行。

此时即使松开按钮 SB_2,因为接触器辅助触点闭合,故控制回路仍然形成通路,线圈保持带电,主触点继续吸合。也就是说,在图(b)的长动控制回路中,SB_2 与接触器常开辅助触点 KM 形成自锁,因此电动机得以保持长动。

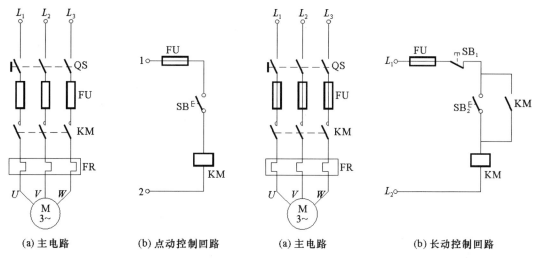

(a) 主电路　(b) 点动控制回路　　(a) 主电路　(b) 长动控制回路

图 4.1.1　点动控制线路　　　　**图 4.1.2　长动控制线路**

3) 异步电动机的正停反控制线路(电气互锁)

生产实践中,生产机械的运动部分经常要求能够向正反两个方向运动,如在铣床加工中工作台的上下、前后、左右运动,起重机的升降等。这就要求电动机能向正反两个方向旋转。可以采用机械控制、电气控制或机械电气混合控制的方法。

从三相交流异步电动机的工作原理可知,改变电动机定子绕组的三相电源进线线序,就可实现电动机转动方向的改变。比如使用倒顺开关实现正反转控制线路,但是它的操作繁琐,且被控制的电机容量不能太大,故在此不做讲解。在继电接触器控制逻辑中,可以通过选择正转、反转两个接触器来实现,两个接触器电源相序不同,以此实现电动机正反转控制。

实际上,可逆运行控制线路实质上是两个方向相反的单向运行线路的组合。但为了避免误操作引起电源相间短路,必须在这两个相反方向的单向运行线路中加设联锁机构。按照电动机正反转操作顺序的不同和原理不同,可以分为电气互锁和机械互锁。

如图 4.1.3(a)所示为三相异步电动机正反转主回路,其中若 KM_1 得电主触点闭合,则电动机定子三相绕组 U、V、W 的电源进线线序为 L_1、L_2、L_3,假设此时电动机为正转;若 KM_2 得电主触点闭合,则电动机定子三相绕组 U、V、W 的电源进线线序为 L_3、L_2、L_1,此时电动机为反转。

图 4.1.3(b)为电动机电气互锁控制电路,主电路中,KM_1、KM_2 分别为实现正、反转的接触器主触点。为防止两个接触器同时得电而导致电源短路,将两个接触器的常闭触点 KM_1、KM_2 分别串接在对方的工作线圈电路中,构成相互制约关系,以保证电路安全可靠的工作。这种相互制约的关系称为"联锁",也称为"互锁",实现联锁的常闭辅助触点称为联锁(或互锁)触点。这种由接触器 KM_1、KM_2 常闭触点实现的互锁称为"电气互锁"。

在这种控制线路中,电动机由正转切换为反转状态时,必须先按下停止按钮,才能按反转启动按钮,否则由于接触器的联锁作用,不能实现反转。它具有"正—停—反"的控制特点。线路工作安全可靠,但是操作不方便。

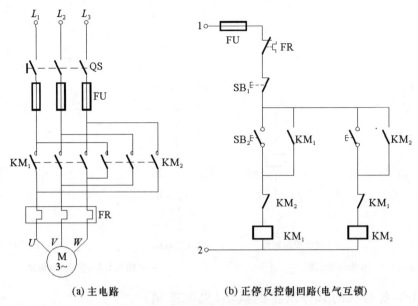

(a) 主电路　　　　　　　(b) 正停反控制回路(电气互锁)

图 4.1.3　正停反控制线路(电气互锁)

4) 三相异步电动机双重互锁控制线路

在实际应用中,为克服电气互锁电路的不足,可以采用直接实现"正—反—停"的控制顺序。如图 4.1.4(b)所示是控制线路,虚线表示一个按钮的两组触点(常开、常闭),按钮按下时它们的状态会同时改变。

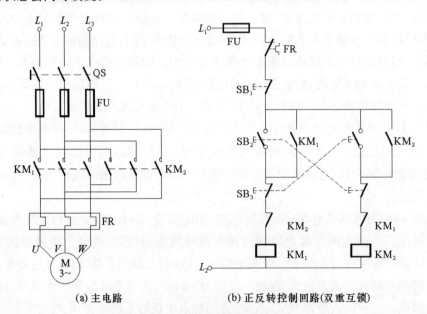

(a) 主电路　　　　　　　(b) 正反转控制回路(双重互锁)

图 4.1.4　正反转控制线路(双重互锁)

在这个控制线路中,正转启动按钮 SB_2 的常开触点串联在正转接触器 KM_1 线圈回路中,用于接通 KM_1 线圈;而 SB_2 的常闭触点则串联于反转接触器 KM_2 线圈回路中,首先断开 KM_2 的线圈,以保证 KM_1 可靠得电。反转启动按钮 SB_3 的接法与 SB_2 类似,常开触点串

联于 KM_2 线圈回路,常闭触点串联于 KM_1 线圈回路中,从而保证按下 SB_3, KM_2 能可靠得电,实现电动机的反转。

这种控制线路由复合按钮 SB_2 和 SB_3 实现互锁,称为"机械互锁"。该图中既有"电气互锁",又有"机械互锁",故称为"双重互锁"。此种控制线路工作可靠性高,操作方便,可以方便地在正转、反转状态中切换,故在生产活动中应用较多,但是,仅适用于小容量电动机且正反向转换不频繁,拖动的机械装置惯量较小的场合。

5）保护环节

图 4.1.4 中, QS 是电源开关,它将三相电源 L_1、L_2、L_3 引入电路。除此之外,电机在运行过程中,总会发生一些意外情况。为保护电机的安全,引入下述保护部分。

FU_1 为主回路的保护电器熔断器, FU_2 为控制回路熔断器,它们可以实现短路速断保护。FR 为热继电器,可以实现过载保护。KM 为交流接触器,可以实现大电流通断,主触点接在主回路中,辅助触点和线圈接在辅助回路中:当电源电压低于接触器线圈额定电压 75% 左右时,接触器就会释放,常开主触点也会断开,使电动机断电,起到欠压保护作用,防止电动机低电压、大电流运行。

4.1.3　预习要求

（1）了解交流接触器的结构,掌握交流接触器主触点、辅助触点工作原理。

（2）复习线序定义和电动机反转的原理。

（3）掌握自锁、互锁的概念及区别。

4.1.4　实验任务

1）电动机的点动控制

按图 4.1.1 电路接线,检查无误后合上空气开关 QS 接通电源。按下 SB 电动机转动,释放 SB 按钮,电动机停转;按下长动启动按钮 SB_2,电动机转动,释放 SB_2 继续转动,按下 SB_1,电动机停转。

2）三相异步电动机的正反转控制

（1）主电路按图 4.1.3(a) 接线。注意主触点 KM_1 和 KM_2 的电源进线相序。

（2）控制电路按图 4.1.3(b) 接线。检查接线无误后闭合 QS。分别按正转启动按钮 SB_2、停止按钮 SB_1 及反转启动按钮 SB_3,观察各电器工作状态及电机启动、停止、正反转运行情况,观察电动机是否满足"正—停—反"的工作状态,并检查能否实现互锁。

（3）控制电路按图 4.1.3(b) 接线。检查接线无误后闭合 QS。分别按正转启动按钮 SB_2、反转启动按钮 SB_3 及停止按钮 SB_1,观察动机是否满足"正—反—停"的工作状态,并检查能否实现互锁。

4.1.5　注意事项

认真检查接线,注意安全。本实验所用导线非常多,接线时注意次序不要错误,否则极易烧坏熔断器甚至热继电器。可以根据电路图,实际接线时按照从左到右、从上到下的接线顺序,以方便检查线路。

4.1.6　思考题

（1）实验中所用的控制回路电压应采用多少伏？由什么决定？

（2）如何选用交流接触器？

（3）自锁触点在控制电路中的作用是什么？在正反转控制电路中，互锁触点的作用是什么？如果不接入互锁触点，会发生什么情况？

4.1.7　实验报告

（1）用国际规定的图形符号与文字符号画出电动机正反转控制实验电路（两种），并简述工作原理。

（2）用国际规定的图形符号与文字符号画出电动机"正—停—反"、"正—反—停"控制电路，并简述工作原理。

（3）回答思考题。

4.1.8　实验设备和主要器材

（1）三相鼠笼式异步电动机	1台
（2）上海宝徕电工实验台，含以下相关器材	
自动开关	1只
交流接触器	2只
热继电器	1只
电工工具及导线	

4.2　三相异步电动机的反接制动

4.2.1　实验目的

（1）熟练掌握反接制动控制线路的接线方法。

（2）掌握反接制动控制线路的工作原理及应用。

（3）了解速度继电器的结构与工作原理。

4.2.2　实验原理

三相异步电动机切断电源后，由于惯性的存在，总要经过一段时间才能停下。为缩短停机时间，提高生产效率和加工精度，要求生产机械能迅速准确停机。

三相交流异步电动机的反接制动是通过改变定子绕组中的电源进线相序，使其产生一个与转子旋转方向相反的电磁力矩来实现电机的转速迅速下降的。对于旋转式电动机，当转速下降到接近于零时，应迅速切断电动机电源，否则电动机将反向转动。因此，在控制线路中应有检测速度的元件。

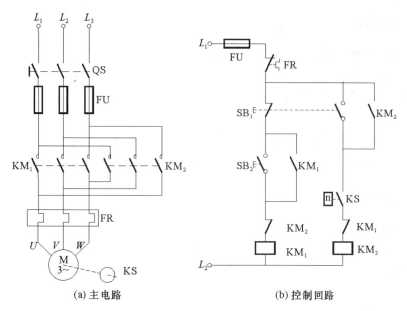

(a) 主电路　　　　　　　(b) 控制回路

图 4. 2. 1　反接制动控制线路

图 4.2.1 为三相交流异步电动机单向反接制动控制线路。

控制原理如下：

启动过程：按 SB_2→KM_1 线圈获电，并自锁→KM_1 主触头闭合→电动机 M 启动正转→电机转速升高到一定值→KS 动作，其动合触头闭合为反接制动作准备

停车过程如下：

按 SB_1→┌→KM_1 线圈失电，电机失电惯性运转
　　　　└→KM_2 线圈获电并自锁，KM_2 主触头闭合→电机处于反接制动状态→电机转速迅速下降至 100 r/min 以下→KS 复位，动合触头断开→KM_2 线圈失电，电机断电停转

反接制动的优点比较明显。它有较强的制动效果；制动转矩较大且基本恒定。制动开始时，定子上相当于施加二倍额定电压，为防止初始制动电流过大，应接入较大阻值的电阻。但这种方案能量损耗较大，不经济。绕线型电动机采用频敏变阻器进行反接制动最为理想，因反接开始时，转差率 $s=2$，频敏变阻器阻抗增加一倍，可以较好的限制制动电流，并得到近似恒定的制动转矩。制动到零时应切断电源，否则有自动反向制动的可能，在本实验中采用速度继电器断电。

反接制动适用于经常正反转的机械，如轧钢车间辊道及其他辅助机械。另外笼型电动机因转子不能接入外接电阻，为了避免大的反接制动电流，反接制动一般只用于小功率电动机(10 kW 以下)；较大功率的笼型电动机需要准确停机时，宜采用能耗制动。

4.2.3　预习要求

(1) 了解速度继电器的工作原理。

(2) 了解电动机制动的三种方法和区别。

4.2.4　实验任务

（1）了解速度继电器的工作原理和使用方法。

（2）了解制动电阻的作用及大小配置。

（3）按图 4.2.1 仔细正确地接好线路，先自查无误后，方可通电实验。

（4）按下 SB_2，让电动机正常运行起来。

（5）按停止按钮 SB_1 使电动机进入反接制动停车，注意观察电动机反接制动情况。

（6）熟悉该制动电路的故障分析及排除方法。

4.2.5　注意事项

（1）认真检查接线，注意安全。

（2）在正反转控制中，如加入正反两个方向的速度继电器 KS_1 和 KS_2，则可对正反转电动机实行反接制动。

4.2.6　思考题

在电机反相电源的控制回路中，可加入一个时间继电器来代替速度继电器，当反相制动一段时间后，断开反相后的电源，从而避免电机反转，也可以实现反接制动。试比较两种方案的优缺点。

4.2.7　实验报告

（1）用国际规定的图形符号与文字符号画出反接制动控制实验电路，并简述工作原理。

（2）回答思考题。

4.2.8　实验设备和主要器材

（1）三相鼠笼式异步电动机	1 台
（2）上海宝徕电工实验台，含以下相关器材	
（3）按钮	3 只
（4）交流接触器	2 只
（5）热继电器	1 只
（6）速度继电器	1 只
（7）制动电阻	3 只
（8）电工工具及导线	

5 常用电工测量仪器的使用

常用电路测量仪表有各类电流表、电压表、功率表等。常用电路测量仪器有示波器、函数发生器、直流稳压电源等。本章介绍常用电路测量仪表、仪器的基本结构、工作原理和使用方法。

5.1 常用电工仪表

5.1.1 万用表

万用电表是一种高灵敏度、多用途、多量限的携带式测量仪表,它在电工、电子技术中是一种最常用的仪表,能分别测量交、直流电压及直流电流、电阻、音频电平和电子元件,习惯上又称作三用表。万用表的型号较多,有些型号的万用表还可用作测量电感量、电容量、功率及晶体管的 β 值等。因此,万用表是电子测量和维修所必备的常用仪表。

1) 万用表的组成及一般使用方法

万用表的基本组成主要包括指示部分、测量电路、转换装置三部分。

(1) 指示部分

俗称表头,用以指示被测电量的数值。指针式万用表该部分通常为磁电式微安表,而数字式万用表则为液晶或荧光数码显示屏。"指示部分"是万用表的关键,有很多的重要性能,如灵敏度、精确等级等。

(2) 测量电路

是把被测的电量转化为适合于表头的微小信号,再通过"转换装置"转换成能够驱动指示部分指示的信号。

(3) 转换装置

通过转换装置可实现万用表的各种测量类型和量程的选择。转换装置通常包括转换开关、接线柱、输入插孔等。转换开关有固定触点和活动触点,测量时,改变开关的位置,即可接通相应的触点,实现相应的测量功能。

万用表(包括指针式和数字式)的测量灵敏度和精度相对来说较低,测量时的频率特性也差(测量信号的频率范围 45~1 000 Hz),从而只能用于对工频或低频信号的测量,且测量交流信号时读数为有效值。

2) 指针式万用表

指针式万用表的型号和种类很多,不同型号的万用表功能也不尽相同,实际测量时,要根据需要,选择和使用合适的万用表。一般说来,万用表的测量灵敏度和精度越高,价格就越贵,一般以满足测量要求为度。

使用万用表测量的一般方法和步骤：

（1）根据被测电量的类型，将转换开关置于相应的位置，然后确定测量的量程。

（2）测量电压、电流时，所选量程最好使指针偏转在量程 $\frac{1}{2}$ 以上位置。

（3）指针式万用表的测试表棒有正、负之分，测试电路的电量时，连接应正确：即红表棒接电路中电压的正极（标有"＋"号的位置），黑色表棒接电路中电压的负极（标有"－"号的位置）。如果反接，则可能导致表头指针反向偏转，严重时会损坏表头。

（4）测量电压时，两表笔与被测电路测试部分并联相接；测量电流时，则与被测电路测试部分串联相接；测量电阻的阻值时，两表笔与电阻的两端相连；测量晶体管、电容等的参数时，则应将其端子插入万用表面板上的指定插孔。在测量电阻值时，万用表在每一次更换量程时，应先调零（两表笔短接，调整调零旋钮，使指针指在零点），然后再测试。

（5）万用表的表盘上有多条标度尺，读数时应根据被测电量，观看对应的标度尺，与量程挡联合读出正确的测量数值。

使用时需注意的问题：

（1）将万用表接入电路前，应确保所选测量的类型及量程正确。

（2）用万用表测量高压时，不能用手触及表棒的金属部分，以免发生危险。

（3）在电路中测量电阻的阻值时，应断电进行测量，否则会烧坏电表。

（4）测量大电压、大电流时，不可带电拨动转换开关，以免烧坏万用表。

（5）测量结束后，应习惯将万用表的测量转换开关拨到"交流电压"最大量程挡，以免自己或他人在下次使用时因粗心而造成仪表的损坏。

3）数字式万用表

数字式万用表的用途与指针式万用表类似，它采用数字直接显示测量结果，读数具有直观性和唯一性，且体积小、测量精度高，应用十分广泛。常用的数字万用表多为三位半显示，测量时输入极性自动切换，且具有单位、符号显示。数字式万用表在开始测量时，一般会出现跳数现象，应等显示稳定后再读数。有时显示数字一直在一个范围内变化，则应取中间值。

数字式万用表的使用方法与指针式万用表大致相似：

（1）测量直流电压。将电源开关拨到"ON"，量程开关拨到"DCV"范围内的合适量程位置，测试的红表笔连接到"V·Ω"插孔，黑表笔与"COM"端子连接，测试并读取数值。直流电压挡一般不能超过 1 000 V。

（2）测量交流电压。将电源开关拨到"ON". 量程开关拨到"ACV"范围内的合适量程位置，表笔接法同上。测试时注意：被测电压的频率应在所用的数字万用表测量信号频率范围内（一般 45～1 000 Hz）；在交流电压（"ACV"）各挡，最大允许输入电压的有效值不能超过极限值（一般在 750 V 左右）。

（3）测量直流电流。将电源开关拨到"ON"，量程开关拨到"DCV"范围内的合适量程位置，红表笔插入"mA"插孔，黑表笔插入"COM"插孔。测试时注意：若被测电流超过"mA-COM"输入端口的测量范围，则应拨至"20 Ma/10 A"挡，并将红表笔插入"10 A"插孔。

（4）测量交流电流。将电源开关拨到"ON"，量程开关拨到"ACA"范围内的合适量程位置,表笔接法同直流电流的测量相同。

(5) 电阻值的测量。打开电源开关,量程开关拨至"Ω"范围内的合适量程位置,红表笔插入"V·Ω"插孔,黑表笔插入"COM"插孔。测试时注意:不要测量电路中的带电电阻,以免损坏仪表。

(6) 二极管压降的测量。打开电源开关,量程开关拨至二极管挡,红表笔插入"V·Ω"插孔,外接二极管的正极;黑表笔插入"COM"插孔,外接二极管的负极。当测试电流在 0.5~1.5 mA 之间时,锗管的正向电压降通常在 0.15~0.30 V 之间,而硅管的正向电压降通常在 0.55~0.70 V 之间。

(7) 二极管的测量。根据被测二极管的类型,将开关拨至"PNP"或"NPN"档,打开电源开关,把二极管的端子插入测量插口的对应孔内即可读数。

3) 指针式万用表和数字式万用表使用的不同之处

指针式万用表和数字式万用表的使用方法大致相同.但出于其内部电路和显示方式的不同,在具体的使用方面,还存在着一些差异。就一般万用表而言,指针式万用表的测量精度通常为 2~2.5 级,数字式万用表的测量精度为 1‰~25‰,对测量精度要求较高的场合应选用数字式万用表。在测量过程中,指针式万用表的量程需在测量前由测量者预先选定,而数字式万用表的量程则能自动转换。数字式万用表在测量参数值超量程时能自动溢出,指针式万用表则会出现打表头现象。数字式万用表对被测信号采用的是瞬时采样工作方式,测量时抗干扰能力较差,而指针式万用表抗干扰能力较强,因此使用数字万用表测量时要求被测系统的稳定性较好。此外,对直流参数的测量不宜选用数字式万用表,因为直流工作状态下指针式万用表读数比数字万用表准确。

就输入阻抗而言,数字式万用表比指针式万用表高很多。因此,数字式万用表更适用于高阻抗电路参数的测量。另外,一般指针式万用表测量电流的最大量程只有几百毫安,且无交流电流挡,因此测量交流电流或大电流时以选择数字万用表为好。判别晶体管的好坏,选用指针式万用表较为方便;测量电阻阻值,选用数字式万用表则读数准确,使用更为方便。测量时,应视具体情况合理选用指针式或数字式万用表。

4) MF10 型万用电表使用说明

本仪表为高灵敏度、磁电整流系多量限万用电表,可以测量直流电压、直流电流、中频交流电压、音频电平和直流电阻,由于测量所消耗的电流极微,因此在测量高内阻的电路参数时,不会显著影响电路的状态,是现代电讯器件制造工厂和科学研究测试必需常备的测量仪表。电流最灵敏量限的满度值为 10 μA,可以用它来测量普通万用电表所不能测量的微弱电流。由于仪表直接用磁电型式结构作为测量基础,故而使用方便,维护简单,并且稳定性良好。同时,利用它的高灵敏度特点.电阻量限可扩大至×100 K,可以测量 200 MΩ 的高阻值。仪表适合在周围气温为 0~40 ℃,相对湿度为 25％~80％ 的环境中工作。

主要技术特性:

(1) 测量范围

● 直流电流:10/50/100 μA,1/10/100/1 000 mA;

● 直流电压:0.5 V(10 μA)/1/2.5/10/50/100/250/500 V;

● 交流电压:10/50/250/500 V;

● 直流电阻:0~2/20/200 kΩ/2/20/200 MΩ(×1/×10/×100/×1 k/×10 k/×100 k);

● 音频电压:—10~+22 dB。

(2) 准确度等级

● 直流电流电压:2.5级(以标度尺工作部分上限的百分数表示);

● 交流电压:5.0级(以标度尺工作部分上限的百分数表示);

● 直流电阻:2.5级(以标度尺长度的百分数表示);

● 音频电平:5.0级(以标度尺长度的百分数表示)。

(3) 频率影响

● 频率范围:45 Hz~1.5 kHz;

● 误差:±5%。

(4) 温度影响

外界温度自23±2 ℃,每变化10 ℃,直流电流电压:仪表指示仪的变化不超过基准值的2.5%,交流电压:不超过5.0%,直流电阻:不超过1.25%。

(5) 外磁场影响

在外磁场为400 A/m(交流50 Hz或直流)时,仪表指示值的变化不超过基准值的1.5%。

(6) 测量电压时所消耗的电流见表5.1。

表5.1　万用表测量电压消耗的电流

交直流	测量范围(V)	消耗电流(μA)
直流	1~100	10
	250~500	50
交流	10~500	50

(7) 测量电流时由仪表所产生的电压降见表5.2。

表5.2　万用表测量电流产生的压降

测量范围(μA)	电压降(V)
10	0.5
50	0.4
100	0.45
(0.001~1)×10^6	0.5

(8) 位置影响:仪表规定为水平位置使用。当仪表向前后左右倾斜10°时,其附加误差不超过等级指数的50%。

(9) 阻尼时间:不超过4 s。

(10) 绝缘强度:仪表外壳与电路的绝缘强度能耐受50 Hz正弦交流试验电压2 000 V历时1分钟。

(11) 仪表外形尺寸:220 mm×145 mm×85 mm。

使用方法:

(1) 零位调整

将仪表放置水平位置,使用时应先检查指针是否在标度尺的起始点上,如果移动了,则可调节零位调节旋钮,使指针回到标度尺的起始点上。

(2) 直流电压的测量

将范围选择开关旋至直流电压"V"所需要的测量电压量程上,然后将仪表接入测量电路,必须遵守端钮上标志的极性,量程选择应尽可能接近于被测量,使指针有较大的偏转角,以减少测量示值的绝对误差。读数视第三条直流刻度。

(3) 交流电压的测量

测量交流电压的方法与直流相似,只是将范围选择开关旋至所需要的交流电压量程上即可。可测量的交流电压范围为 45 Hz~1.5 kHz,其电压波形在任意瞬时值与基本正弦波差值不超过±1%。为了取得准确的测试结果,仪表的公共极应与讯号发生的负极(接机壳端)相联,如果接反了,误差会增加很多。

(4) 直流电流的测量

将选择开关旋至直流电流"mA"或"μA",选择所需要的电流量程,然后将仪表串联接入电路,其端钮应用导线与负载紧固连接。读数视第三条刻度。

(5) 直流电阻的测量

将范围选择开关旋至电阻"Ω"范围内,短路外接电路,指针向满值偏转,调节零欧姆调整器,使指针指示在零欧姆位置上,然后用测试杆分别去测量被测电阻值。为了使测试结果准确,欧姆刻度应尽可能使用中间段。Ω×1、×10、×100、×1 k、×10 k 五个量程合用 1.5 V 电池,×100 k 专用 16 V 层叠电池。当调节零欧姆调整器不能仪表指针到达满度时,即为电压不足,应立刻更换新电池,防止出电池腐蚀而影响其他元件。

注意事项:

为了测量时获得良好效果及防止由于使用不当而使仪表损坏,应遵守下列注意事项:

(1) 仪表在测试时,不能旋转开关旋钮,特别是高电压和大电流时,严禁带电转换量程。

(2) 当被测量不能确定其数值时,应将量程转换开关旋到最大量程的位置上,然后再选择适应的量程,使指针得到最大偏转。

(3) 测量直流电流时,仪表应与被测电路串联,禁止将仪表直接跨接在被测电路的电压两端,以防仪表过负荷而损坏。

(4) 测量电路中的电阻阻值时,应将被测电路的电源断开,如果电路中有电容器,应先将其放电后才能测量,切勿在电路带电情况下测量电阻。

(5) 仪表在每次用完后,最好将范围选择开关旋至交直流电压的 500 V 位置上,防止下一次使用时,因偶然疏忽致使仪表损坏。

(6) 测量交、直流电压时,应将橡胶测试杆插入绝缘管内,不应暴露金属部分。

(7) 仪表应经常保持清洁和干燥,以免因受潮而损坏和影响准确度。

5) DT-830 型数字万用表

DT-830 型数字万用表原理框图如图 5.1.1 所示。虚线框内表示直流数字电压表(DVM),它由阻容滤波器、A/D 转换器、LCD 液晶显示器组成。在数字电压表的基础上再增加交流-直流(AC-DC)、电流-电压(A-V)、电阻-电压(Ω-V)转换器,就构成了数字万用表。图 5.1.2 为 DT-830 型数字万用表的面板图。

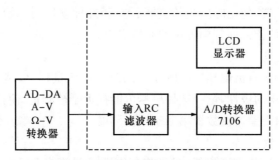

图 5.1.1　DT-830 型数字万用表原理框图

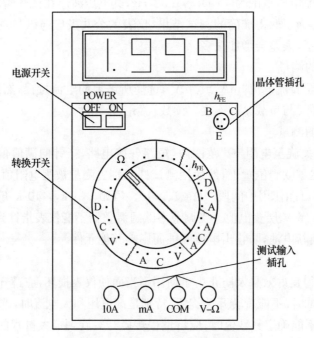

图 5.1.2　DT-830 型数字万用表面板图

基本技术性能：

（1）显示位数：4 位数字，最高位只能显示 1 或不显示数字，算半位，所以称 $3\frac{1}{2}$ 位，最大显示数为 ±1 999。

（2）调零和极性：具有自动调零和显示正、负极性的功能。

（3）超量程显示：超过量程时显示"1"或"−1"。

（4）采样时间：0.4 s。

（5）电源：9 V 层叠电池供电。

（6）整机功耗：20 mW。

使用方法及注意事项：

测量电压、电流、电阻等方法与指针式万用表相类似。下面仅对 DT-830 型数字万用表使用时的几点注意事项加以说明。

（1）测试输入插座：黑色测试表棒插在"COM（−）"的插座里不动，红色测试棒有以下两种插法：① 在测电阻值和电压值时，将红色测试棒插在"V-Ω"的插孔里。② 在测量小于

200 mA 的电流时,将红色测试棒插在"mA"插孔里。当测量大于 200 mA 的电流时,将红色测试棒括在"10 A"插孔里。

(2) 根据被测量的性质和大小,将面板上的转换开关旋到适当的档位,并将测试棒插在适当的插座里。

(3) 将电源开关置于"ON"位置,即可用测试棒直接测量。

(4) 测毕,将电源开关置于"OFF"位置。

(5) 当显示器显示"+"符号时,表示电池电压低于 9 V,需更换电池后再使用。

(6) 测三极管 h_{FE} 时需注意三极管的类型(NPN 或 PNP)和表面插孔 E、B、C 所对应的管子管脚。

(7) 检查二极管时,若显示"000"表示管子短路;显示"1"表示管子极性接反或管子内部已开路。

(8) 检查线路通断,若电路通(电阻<20 Ω)电子蜂鸣器发出声响。

主要技术指标:

(1) 测量范围

● 直流电流:200 μA,2/20/200 mA,10 A;

● 直流电压:200 mV,2/20/200/1 000 V;

● 交流电压:200 mV,2/20/200/750 V;

● 直流电阻:0~200 Ω,2/20/200,2/20 MΩ。

(2) 精度

● 直流电压:±0.8%;

● 交流电压:±1.0%;

● 直流电流:±1.0%,10 A 时±2.0%;

● 交流电流:±1.2%,10 A 时±2.0%;

● 直流电阻:200 Ω,2/20/200 KΩ,2 MΩ 时±1.0%,20 MΩ 时±2.0%。

(3) 频率范围:40~500 Hz

(4) 输入阻抗

● 直流电压:10 MΩ;

● 交流电压:10 MΩ。

(5) 满量程压降

● 直流电流:250 mV_{rms},10 A 时 700 mV_{rms};

● 交流电流:250 mV,10 A 时 700 mV。

5.1.2 直流电压表和直流电流表

测量直流电压和直流电流时,常用磁电式电压表。在使用时注意仪表的正负极性必须和电路一致,否则仪表的指针将会反偏,可能造成仪表损坏。

在测量电压时,应把电压表并联在被测负载的两端。为了使电压表并入后不影响电路原来的工作状态,要求电压表的内阻远大于被测负载的电阻。

测量电流时,电流表必须串联在电路中,因为电流表内阻很小,如果不慎把电流表并接在负载两端,电流表将因流过很大的电流而烧毁。

5.1.3　交流电压表和交流电流表

测量交流电流和交流电压时通常采用电磁系电流表。

交流电流表和电压表的使用方法与直流表的使用方法相似,只是其测量的是有效值,且没有极性之分。

5.1.4　功率表

功率表面板如图 5.1.3 所示。

1)功率表的接线规则

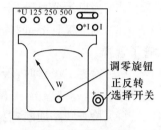

图 5.1.3　功率表面板图

功率表系电动式仪表也称为瓦特表,指针转矩方向与两线圈的电流方向有关,因此要规定一个能使指针正向偏转的"对应端"。表盘上标记"﹡"的端钮分别称为电流线圈和电压线圈的发电机端(即对应端)。接线时要使两线圈的"对应端"接在电源的同一极性上。电流线圈与负载串联,其发电机端"﹡I"要和电源的一端相接;电压线圈与负载并联,其发电机端"﹡U"要接在和电流线圈等电位处,即接在"﹡I"端或"I"端,这样才能保证两线圈的电流都从发电机端流入,使功率表指针作正向偏转。

2)功率测量量程的选择

应根据所测负载的电压和电流的最大值来分别选择电压量程和电流量程。通常功率表有两个电流量程和三个电压量程,功率表是否过载,不能仅仅根据表的指针是否超过满偏转来确定。因为当功率表的电流线圈没有电流时,即使电压线圈已经过载而将要烧坏,功率表的读数也仍然是零,反之亦然。所以,必须保证功率表的电流线圈和电压线圈都不过载,一定要使电压量程能承受负载电压,电流量程大于负载电流,不能只考虑功率大小。

电流量程的扩大,一般是通过改变两个电流线圈的连接方式来达到,当两个线圈串联时为电流的小量程,即功率表面板上的额定电流值;当两个线圈并联时,可将电流的量程扩大一倍,为电流的大量程,即为额定电流值的两倍。其接线方式如图 5.1.4 所示。

3)功率表的读数方法

在多量程功率表中,刻度盘上只有一条标尺,它不标瓦特数,只标出分格数。因此,被测功率须按下式换算得出:

$$P = C\alpha$$

式中:P——被测功率(W);

C——电表功率常数(W/div);

α——电表偏转指示格数。

测量时,读出指针偏转格数 α 后再乘以 C 就等于所测功率数值。

普通功率表的功率常数为:

$$C=\frac{U_\mathrm{N}I_\mathrm{N}}{\alpha_\mathrm{m}}$$

式中:U_N——电压线圈额定量程;

　　I_N——电流线圈额定量程;

　　α_m——标尺满刻度总格数。

D26-W 型功率表的标尺满刻度总格数为 125 格,若电压量程选择 250 V,电流量程选择 1 A,则电表的功率常数为:

$$C=\frac{250\times1}{125}=2\ \mathrm{W/div}$$

低功率因数功率表的功率常数为:

$$C=\frac{U_\mathrm{N}I_\mathrm{N}\cos\phi_\mathrm{N}}{\alpha_\mathrm{m}}$$

式中:$\cos\phi_\mathrm{N}$——电表额定功率因数,在电表刻度盘上标出。

D34-W 型低功率因数功率表的标尺满刻度总格数为 150 格,若电压量程选择 500 V,电流量程选择 0.5 A,该表刻度盘上标出的额定功率因数为 0.2,则电表的功率常数为:

$$C=\frac{300\times0.5\times0.2}{150}=0.2\ \mathrm{W/div}$$

测量交流低功率因数负载功率时,应采用低功率因数功率表。因为普通功率表满偏的条件是:额定电压、额定电流、额定功率因数 $\cos\phi=1$,当测量功率因数很低的负载时(如变压器、电机空载运行),功率表读数很小,从而给测量结果带来不容许的误差。低功率因数功率表专为适应低功率因数状态下功率的测量,它采用补偿线圈或补偿电容的办法减少误差,同时采用张丝结构的带光标指示器,减小摩擦力矩的影响,以提高仪表灵敏度。

5.1.5　交流毫伏表

1) DA-16 型晶体管交流毫伏表

晶体管毫伏表是一种用来测量电子电路中正弦交流电压有效值的电子仪表。它与一般的交流电压表或万用表的交流电压挡相比,具有频率范围宽,输入阻抗高,电压测量范围宽和灵敏度高等特点,因而特别适用于电工电子电路。图 5.1.5 和图 5.1.6 分别给出了DA-16 型晶体管毫伏表的原理方框图和面板图。

毫伏表由于前置级采用射极跟随电路,从而能获得高输入阻抗和宽频率测量范围。衰减器和分压器用来满足宽电压测量范围:从分压器取得的很小的电压经多级交流放大器进行放大,提高了仪表的灵敏度,使其能测量毫伏级的电压。放大后的交流电压送至桥式全波整流器,整流后的直流电压通过磁电式测量机构示出来。面板上的刻度已被换算成正弦交流电压有效值,可直接进行读数。该表还兼有测量电平的功能。

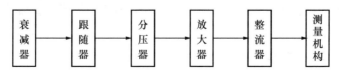

图 5.1.5　DA-16 型晶体管毫伏表方框图

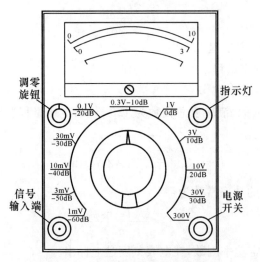

图 5.1.6　DA-16 型晶体管毫伏表面板图

该表的几项主要特性如表 5.3 所示。

表 5.3　晶体管毫伏表主要特征

测量电压范围	100 μV～300 V
量程挡级	分为 1 mV、3 mV、10 mV、30 mV、100 mV、300 mV、1 V、3 V、10 V、30 V、300 V 共 11 挡
频率范围	20 Hz～1 MHz
输入阻抗(1 kHz 时)	输入电阻为 1.5 MΩ,输入电容为 50～70 pF
测量电平范围	−72 dB～+32 dB(1 mW、600 Ω 为 0 dB)
电源电压	220 V±10%,50 Hz±4%,消耗功率约为 3 W
工作误差	20 Hz～1 MHz≤±8%(相对于各量程满度值)

毫伏表输入过载能力较弱,一般在使用前应把量程开关置于 3 V 以上的挡级。

(1) 接通电源后,将仪表的两根输入线短接,检查指针是否在零位上,若不指零,应调节调零电位器,使指针指到标尺的零位上。调好零后断开短接线待用。

(2) 根据被测值的大小,将毫伏表的转换开关旋到适当的量程挡级,若不能估算被测值大小,应先放至较高量程挡级,切忌使用低压挡测高电压,以免严重满载损坏电表。

(3) 由于毫伏表灵敏度较高,在测量毫伏级低电压时,应将量程开关先置于 3 V 以上挡位,再接入被测电路。接入电路时,应注意表的接地端点应与被测电路和其他共用仪器"共地",先连接地线,再接另一根测量线,然后将转换开关旋至合适的毫伏挡级进行测量。测毕仍应先将转换开关转回到 3 V 以上高电压挡级,然后再依次取下测量线和地线。这些措施都是为了防止干扰电压引入输入端,影响测量的准确性以及打坏指针。

(4) 面板上电压的标度尺共有 0～10 和 0～3 两条,使用不同的量程时,应在相应的标度尺上读数,并乘以合适的倍率。

2) YB2172 型交流毫伏表

技术指标:

(1) 测量电压范围:100 μV～300 V。

（2）基准条件下电压的固有误差：≤满刻度的±3%（以 1 kHz 为基准）。

（3）测量电压的频率范围：5 Hz～2 MHz。

（4）基准条件下的频率影响误差：20 Hz～200 kHz：≤±3%；5 Hz～20 Hz；200 kHz～2 MHz：≤±10%（以 1 kHz 为基准）。

（5）输入阻抗：≥10 MΩ。

（6）输入电容：≤45 pF。

（7）最大输入电压（DC+AC$_{P-P}$）：300 V；1 mV～1 V 量程；500 V；3 V～300 V 量程。

面板控制功能：

（1）表头：方便地读出输入信号的电压有效值。

（2）零点调节：指针的零点调节装置。

（3）量程转换开关：根据测量范围选择合适量程。

（4）输入端子：被测量信号由输入端子送入本机。

（5）输出端子：当本机作为一个前置放大器时，由输出口向后级放大器提供输入信号；当量程转换开关在 100 mV 时，本机输出电压约等于输入电压；而量程转换开关设置在其他量程时，放大系数分别以 10 dB 增加或减少。

电压测量操作方式：

（1）检查指针是否在零点，如有偏差，调节表头的机械调零装置，使指针指向零点；

（2）接通交流电源；

（3）将量程转换开关设置在 100 V 档，然后打开电源开关；

（4）将被测信号接入本机输入端子；

（5）拨动量程转换开关，使表头指针所指的位置在大于或等于满刻度的 1/3 处，以便能方便地读出数据。

5.1.6　调压器

1）单相自耦变压器

图 5.1.7 是自耦变压器的构造原理图，当交流电源加在线圈两个固定端头（0，220 V）之间，改变可动触头位置，就可改变输出电压的大小：可动触头移到 0 点时，输出电压为零，远离 0 点时，输出电压升高，最高为 250 V。（0，110 V）两端头为电源为 110 V 时使用。

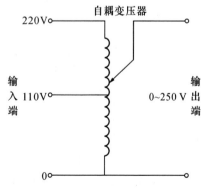

图 5.1.7　单相自耦变压器的构造图

接通电源前，应使可动触头旋至 0 点（逆时针旋转手柄至极限位），每次测量完毕，也应将输出电压退至 0 点，然后再切断总电源。接线时，切不可将电源接到自耦变压器的输出端，也不可将负载接到输入端，这样会造成电源的短路。此外，为安全起见，电源的中线应接在输入与输出的公共端钮上（即图中 0 端）。使用时，电源的电压和调压器的工作电流均不得超过调压器铭牌上标注的额定值。

2）三相自耦调压器

三相自耦调压器是由三台单相调压器接成星形而组成的，如图 5.1.8 所示。图中 A、B、C、N 为输入端，a、b、c、n 为输出端，每相调节电压的滑块固定在同一根转轴上，当旋转手柄即改变滑块位置时，能同时改变三相输出电压，并保证电压输出的对称性。三相调压器的接线端钮较多，接线前要核对清楚。根据星形连接的特点，三组调压器的中点必须连在一起，并与电源的中线相接。其使用注意事项与单相调压器类似。

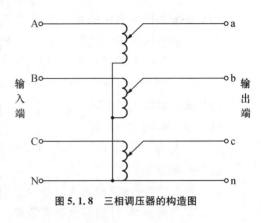

图 5.1.8　三相调压器的构造图

5.2　双踪便携式示波器

示波器在电工电子测量中是非常重要的仪器，不仅可以直接观察和真实显示电信号的波形，还可以用来研究信号幅度随时间的变化关系，测量多种信号的幅值、周期、频率、相位等参数。

示波器种类很多，应用领域广泛，下面介绍示波器的主要组成、工作原理以及几种常用示波器。

5.2.1　组成及基本工作原理

示波器主要由示波管及控制电路、垂直偏转通道（Y 通道）、水平偏转通道（X 通道）和电源等部分组成。双踪示波器从原理上也可分为上述几个组成部分，但线路结构要复杂一些。它的 Y 通道设置有两个前置放大器. 各放大一个被测信号，这两个前置放大器经电子开关与 Y 轴后置放大器相连接。当示波器工作时，电子开关不停地交替把两个信号送给 Y 轴后置放大器，由于荧光屏的余辉及人眼的视觉暂留效应，人们从屏幕上便能同时观察到两个信号波形。

1）组成

（1）示波管及控制电路。示波管是示波器的核心部件，由电子枪、偏转系统和荧光屏三部分密封在抽成真空的玻璃壳内作为示波器的显示器，具有把电信号转变为发光的可见图形的作用。其控制电路可以为示波管各电极提供各种电压，以保证示波管工作在最佳状态。

（2）Y 通道。Y 通道由示波器输入探头、衰减器、垂直放大器及延迟线等电路组成，可以将几毫伏到几百伏的信号调节为合适的电压，加到示波管的垂直偏转板上，使电子枪发射的电子束按被测信号的变化规律在垂直方向产生偏转。

（3）X 通道。X 通道又称时基扫描系统，主要由同步触发电路、扫描发生器和水平放大器组成。它主要产生 X 轴偏转板上需要的扫描电压（锯齿波电压），保持与 Y 通道输入信号同步，确保输出波形稳定。

（4）电源。低压电源为示波器提供所需电压，保证示波器正常工作。

2）工作原理

（1）示波器稳定显示波形的原理。示波器内的周期性锯齿波信号送入 X 轴放大器,外部被观测的正弦信号送入 Y 轴放大器。设锯齿波电压（扫描电压）的周期"T_x"等于被显示的正弦电压的周期"T_y",则屏幕上将出现一个周期的正弦波,当扫描电压周期等于被显示的正弦电压周期的两倍时,屏幕上将出现两个周期的正弦彼,以此类推,当 $T_x = nT_y$,（n 为正整数）时,屏幕上会显示 n 个周期的正弦波。$T_x = nT_y$ 是示波器稳定显示被测波形的条件。当不满足此条件时,显示的波形会向右或向左移动。为了满足稳定显示波形的条件,示波器中利用一个同步电压来强迫锯齿波电压的周期与被测信号的周期成整数倍关系。同步电压可选自内部经 Y 轴放大器放大后的信号,也可选取外接同步信号。

（2）示波器的扫描方式。示波器中的线性时基扫描,可分为连续扫描和触发扫描两种基本方式。连续扫描是指扫描信号发生器连续工作,产生的锯齿波电压是连续的,受连续不断的锯齿波控制的电子束不断地扫描,当 Y 轴无输入信号时,显示出扫描线。触发扫描是另一种方式,它又称为等待扫描。即在无外界输入信号时不扫描,屏幕上不显示扫描线。只有当 Y 轴输入信号（或外接触发信号）的上升沿或下降沿触发扫描电压发生器时,才产生锯齿波电压。此电压加到 X 偏转板上控制光点的运动。由于在此同时,被测信号加到 Y 轴偏转板上,电子束便描绘出被测波形。

5.2.2　SR-071B型双踪便携式示波器

SR-071B型双踪便携式示波器具有DC～7 MHz的频带宽度,垂直偏转因数为5 mV/div～10 V/div,扫描速率为 1 s/div～0.5 μs/div,经扩展可达 0.1 μs/div。该机还具有全频带自动触发、光迹偏移指示和正弦信号辅助输出。

1）技术指标

（1）示波器

示波管型号 13SJ58J,为中余辉示波管。

（2）Y 轴系统

偏转因数:5 mV/div～10 V/div,按 1—2—5 进位,共 11 挡,误差±5％。

频率响应:① DC 耦合:DC～MHz,－3 dB;② AC 耦合:10 Hz～7 MHz,－3 dB。

上升时间:小于 50 ns。

输入阻抗:① 直接,电阻±5％ MΩ;电容≤40 PF;② 经 10∶1 探极:电阻10±5％,电容≤15 PF。

工作方式:Y_1、Y_2、叠加、交替、断续。

最大输入电压:400 V（DC＋Acpeak）。

（3）水平系统

频率响应:10 Hz～1 MHz,－3 dB

偏转因数和输入阻抗同 Y 轴。

扫描时间因数:1 s/div～0.5 μs/div,按 1—2—5 进位,共 20 挡,误差±5％。

触发电平:内:10 Hz～7 MHz,≤1 cm;外:≤0.1 V_{pp}。

2）面板控制

SR-071B 示波器面板布置图如图 5.2.1 所示。

图 5.2.1　SR-071B 示波器面板布置图

各控制件的作用如下：

1——电源开关；

2——电源指示灯：电源开关置"开"位置，指示灯应亮；

3——水平位移钮：用以调节屏幕上光点或信号波形在水平方向上的位置；

4——电平调整钮：用以调节信号波形上触发点的相应电平值，使在这一电平上启动扫描；

5——扫描时间因数选择开关：扫描速度的选择范围为 $1 \text{ s/div} \sim 0.5 \text{ }\mu\text{s/div}$，按 1—2—5 进位，分 20 挡。可根据被测信号频率的高低，选择适当的挡极；

6——扫描时间因数微调及扩展按钮：该键按下时各挡扫速扩展×5；

7——触发信号耦合开关：置"内"或"电视"位置，触发信号来自内触发放大器；置"外"则来自触发输入连接器；

8——触发极性"+"或"-"选择开关：开关拨到"+"，扫描波形由正半周开始；拨到"-"由负半周开始；

9——触发电路工作方式选择开关：分为直流耦合方式（DC）、交流耦合方式（AC）及自动方式；

10,11,12,13——光迹偏移指示灯；

14——Y_1 通道偏转因数选择开关：输入灵敏度自 $5 \text{ mV/div} \sim 10 \text{ V/div}$ 按 1—2—5 进位，分为 11 挡级，可根据被测信号的电压幅度，选择适当的挡级位置；

15——Y 工作方式选择开关，共有五种方式：交替方式、Y_1 输入方式、叠加方式、Y_2 输入方式、断续方式；

16——Y_1 通道输入耦合开关：有直流耦合方式（DC）、交流耦合方式（AC）和接地（$\perp$）；

17——Y_1 通道输入信号插座：接 10∶1 探头；

18——仪器接地端；

19——Y_1 位移、$X\text{-}Y$ 控制钮：Y_1 位移控制器，当控制钮拉出时仪器工作于 $X\text{-}Y$ 状态，$Y1$ 通道变为 X 通道；

20——Y_2 位移、相位控制钮：Y_2 位移控制器：当控制钮拉出时，Y_2 信号反相显示；

21——Y_2 通道输入信号插座；

22——Y_2 通道输入信号耦合开关：同 Y_1 通道；

23——Y_2 通道偏转因数选择开关；

24——聚焦调节钮：用以调节示波管中电子束的焦距，使其焦点恰好会聚于屏幕上，此时显现的光点成为清晰的圆点；

25——亮度调节钮：亮度调节应适中，不必太亮；

26——光迹旋转：校正显示图形；

27——标尺亮度钮；

28——外触发信号输入插座：为水平信号或外触发信号的输入端。

3）使用时的注意事项

（1）在使用前应先认真阅读本说明，弄清各旋钮及部件的作用和操作方法。

（2）接通电源后，应预热五分钟后再开始使用。

（3）示波器属于高档仪器，使用过起中应动作轻柔，以免损坏仪器。

5.2.3 UTD2025CL 示波器

示波器如图 5.2.2 所示。

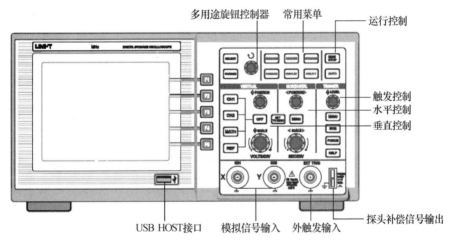

图 5.2.2 UTD2025CL 屏前面板

面板左下角为电源开关。

液晶屏幕右侧六个矩形小按钮为选择按钮。第一个按钮"CH1/2"为输入通道选择按钮，它表示液晶屏幕上面显示的波形的来源。其余几个按钮可以配合显示屏来选择（见图 5.2.3）。

右方浅蓝色按钮 sine 表示输出正弦波形；square 表示输出方波信号；ramp 表示输出锯齿波信号；pulse 表示输出矩形脉冲信号；noise 表示输出高斯噪声信号；arb 表示输出任意波形。0～9 是用于选择波形参数，比如振幅、频率、占空比等，可以用＋、－来加减参数。右边的白色旋钮也是用于选择参数大小。下方两个 BNC 接口用于连接信号线以输出信号。

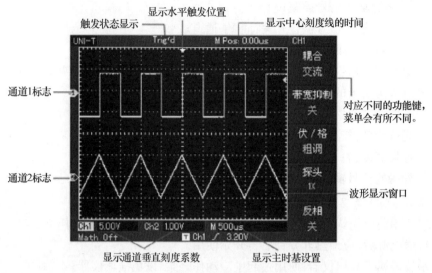

图 5.2.3　界面显示

1）接通仪器电源

电源开关在示波器顶部。按 UTILITY 按钮，按 F1 执行，进入下一页，按 F1 ，调出出厂设置。上述过程结束后，按 CH1 ，进入 CH1 菜单。

2）输入信号

该示波器为双通道输入 CH1、CH2，另有一个外触发输入通道。按照如下步骤接入信号：

（1）将数字示波器探头连接到 CH1 输入端，并将探头上的衰减倍率开关设定为 $10\times$，按 CH1 按钮，按钮变亮，表示屏幕现在显示 CH1 通道的输入信号。

（2）在数字存储示波器上需要设置探头衰减系数。此衰减系数改变仪器的垂直挡位倍率，从而使得测量结果正确反映被测信号的幅值。设置探头衰减系数的方法如下：按 F4 使菜单显示 $10\times$。

（3）把探头的探针和接地夹连接到探头补偿信号的相应连接端上。按 AUTO 按钮。几秒钟内可见到方波显示（1 kHz，约 3 V，峰峰值）。以同样的方法检查 CH2，按 OFF 功能按钮关闭 CH1，按 CH2 功能按钮打开 CH2，重复步骤（2）和步骤（3）。

3）波形显示的自动设置

UT 2000/3000 系列数字存储示波器具有自动设置的功能。根据输入的信号，可自动调整垂直偏转系数、扫描时基以及触发方式，直至最合适的波形显示。应用自动设置要求被测信号的频率大于或等于 50 Hz，占空比大于 1%。方法如下：

（1）将被测信号连接到信号输入通道。

（2）按下 AUTO 按钮。数字存储示波器将自动设置垂直偏转系数、扫描时基以及触发方式。

如果需要进一步仔细观察,在自动设置完成后可再进行手工调整,直至使波形显示达到需要的最佳效果。

4)垂直系统

在垂直控制区有一系列的按键、旋钮,如图 5.2.4 所示。

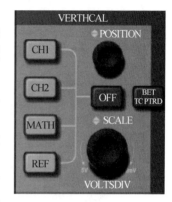

(1)使用垂直位置旋钮使波形在窗口中居中显示信号。垂直位置旋钮控制信号的垂直显示位置。当旋动垂直位置旋钮时,指示通道地(GROUND)的标识跟随波形上下移动。

如果通道耦合方式为 DC,可以通过观察波形与信号地之间的差距来快速测量信号的直流分量。

如果耦合方式为 AC,信号里面的直流分量将被滤除。这种方式方便用更高的灵敏度显示信号的交流分量。

图 5.2.4 面板上的垂直控制区

(2)改变垂直设置并观察状态信息变化。可以通过波形窗口下方的状态栏显示的信息,确定垂直挡位的任何变化。旋动垂直标度旋钮改变"伏/格"垂直挡位,可以发现状态栏对应通道的挡位显示发生了相应的变化。按 CH1 、 CH2 、 MATH 、 REF ,屏幕显示对应通道的操作菜单、标志、波形和挡位状态信息。按 OFF 按键关闭当前选择的通道。

5)水平系统

在水平控制区有一个按键,两个旋钮,如图 5.2.5 所示。

图 5.2.5 面板上的水平控制区

(1)使用水平 SCALE 旋钮改变水平时基挡位设置并观察状态信息变化。转动水平 SCALE 旋钮改变"秒/格"时基挡位,可以发现状态栏对应通道的时基挡位显示发生了相应的变化。水平扫描速率从 5 ns～50 s,以 1—2—5 方式步进。(UT2000/3000 系列数字存储示波器,因其型号不同,则水平扫描时基挡级也有差别)

(2) 使用水平 POSITION 旋钮调整信号在波形窗口的水平位置。当应用于触发移位时,转动水平 POSITION 旋钮时,可以观察到波形随旋钮而水平移动。

(3) 按 MENU 按钮,显示 Zoom 菜单。在此菜单下,按 F3 可以开启视窗扩展,再按 F1 可以关闭视窗扩展回到主时基。在这个菜单下,还可以设置触发释抑时间。

6) 触发点位移恢复到水平零点快捷键

可通过快捷键 SET TO ZERO 使触发点快速恢复到垂直中点,也可以通过旋转水平 POSITION 旋钮,来调整信号在波形窗口的水平位置。

7) 触发系统

在触发菜单控制区有一个旋钮,三个按键,如图 5.2.6 所示。

(1) 使用触发电平旋钮改变触发电平,可以在屏幕上看到触发标志指示触发电平线随旋钮转动而上下移动。在移动触发电平的同时,可以观察到在屏幕下部的触发电平的数值相应变化。

(2) 使用 TRIGGER MENU(见图 5.2.7)改变触发设置。

按 F1 键,选择"边沿"触发。

按 F2 键,选择"触发源"为 CH1。

按 F3 键,设置"边沿类型"为上升。

按 F4 键,设置"触发方式"为自动。

按 F5 键,设置"触发耦合"为直流。

图 5.2.6　面板上的触发菜单　　　　图 5.2.7　触发菜单

(3) 按 50% 按钮,设定触发电平在触发信号幅值的垂直中点。

(4) 按 FORCE 按钮:强制产生一触发信号,主要应用于触发方式中的正常和单次模式。

5.3 函数信号发生器

5.3.1 概述

信号发生器是产生各种波形的信号电源,按照调制方式可分为调幅、调频、调相、脉冲调制等类型;按照其输出波形分为正弦、脉冲、函数发生器等,其中正弦信号发生器按照其频率分为超低频、低频、高频、超高频信号发生器等。

函数信号发生器是能够输出多种波形的信号源,它能够产生正弦波、方波、三角波、锯齿波和脉冲波等多种波形的信号,信号频率一般在 20 MHz 以下。函数信号发生器的原理电路往往是先用触发电路产生方波信号或者矩形波,然后经过积分器变换出三角波或者锯齿波,再经过变换网络将三角波转换成正弦波。因为波形之间的转换是通过函数变换来实现的,所以称为函数信号发生器。

信号发生器的核心部件是振荡器,振荡器产生的信号经过放大后,作为电压或者功率输出。通常,输出电压的幅值由仪器面板上的幅度调节旋钮分挡调节或连续调节。有的信号发生器还设有衰减开关,以获得小信号电压输出;有的电压衰减采用对数形式表示。信号源频率通过面板上的"频率粗调"和"频率细调"两个旋钮进行调节,其频率数值大小显示采用刻度盘指示、数字显示等方式。

5.3.2 SG1641A 函数信号发生器

SG1641A 函数信号发生器是宽频带多用途信号发生器,它能产生正弦波,三角波,方波,正、负向脉冲波,正、负锯齿波七种波形以及 TTL 电平的方波同步信号,其中正、负向脉冲波,正、负向锯齿波占空比连续可调;并且具有 1 000∶1 的电压控制频率(VCF)特性和直流偏置能力,输出波形的频率用 6 位数字 LED 直接显示,且频率计还能外测使用。

1) 主要的技术指标

波形。正弦波、三角波、方波、正脉冲波、负脉冲波、正向斜波、负向斜波(斜波亦即锯齿波)、TTL 方波。

频率范围。频率范围为 0.02 Hz～2 MHz,分 7 挡并连续可调,可通过数字 LED 直接读出。

正弦波。失真度:10 Hz～100 kHz,<1%;100 kHz～200 kHz,<2%;幅频特性:0.02 Hz～100 kHz,±5%;100 kHz～2 MHz,±10%。

方波。前沿:<100 ns;对称改变率:80∶20～20∶80(配合频率旋钮)。

TTL 电平。高电平大于 2.4 V,低电平小于 0.4 V;上升时间:T_r<40 μs。

输出。阻抗:50 Ω±10%;幅度:20 V_{pp}(开路),10 V_{pp}(50 Ω);衰减:20 dB、40 dB、60 dB(叠加);f<200 kHz,±0.5 dB。

直流偏置。0～±10 V 连续可调(开路)。

频率计。测量范围:1 Hz～10 MHz;输入阻抗:不小于 1 MΩ/20 pF;灵敏度:50 mV;分辨率:100 Hz、10 Hz、1 Hz、0.1 Hz;最大输入:150 V(AC+DC)(带衰减);输入衰减:20 dBJ;测量误差:<3×10⁻⁵±10% DC 反相;最大压控比:100:1。

　　电源。电压:220 V,±10%;频率:50±2 Hz;功率:10 V·A;

　　环境条件。温度:0~40 ℃;湿度;不大于 RH 90%;大气压:100±4 kPa。

2) 面板说明

SG1641 型函数信号发生器面板示意图如图 5.3.1 所示。

SG1641 型函数信号发生器各功能说明如表 5.4 所示。

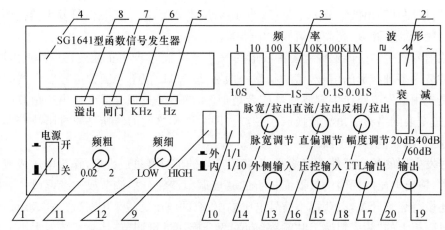

图 5.3.1　SG1641 型函数信号发生器面板示意图

表 5.4　SG1641 型函数信号发生器功能表

序　号	面报标示	名　称	作　用
1	电源	电源开关	按下开关则接通 AC 电源,同时频率计显示
2	波形	波形选择按键	按下三只按键的任一只,输出对应波形,如果三个按键均未按下则无信号输出,此时可精确地设定直流电平
3	1-1M 10 S—0.01 S	频率范围按键及频率计闸门	① 选择所需频率范围按下其对应按键,频率计 LED 显示的数值即为主信号发生器的输出频率 ② 当外测频率时可按下相对应闸门时基,决定频率速度及显示频率的分辨率
4	数字 LED	计颊显示用 LED	所有内部产生频率或外测时的频率均由此 6 个 LED 显示
5	Hz	赫兹、指示频率单位	当按下 1、10、100 频率范围任一挡按键时,则此 Hz 灯亮
6	kHz	千赫兹、指示频率单位	当按下 1 k、10 k、100 k 频率范围任一挡按键时,则此 Hz 灯亮
7	闸门	闸门时基指示灯	此灯闪烁代表频率计正在工作
8	溢出	频率溢位显示灯	当频率超过 6 个 LED 所显示范围时,溢出灯即亮
9	内外	内外测频率按键	将此开关按下,则可测出外接信号频率,不按下,则当内部频率计使用
10	1/10、1/1	外测频率输入衰减器	当外测信号幅度大于 10 V 时,将此按键按下,可确保频率计性能稳定
11	频粗	频率粗调旋钮	此旋钮可以从设定的频率范围内选择所需频率,直接从 LED 读出
12	频细	频率微调旋钮	此旋钮有利于选择较精确的频率,它的频率变化范围仅为频粗的 $\frac{1}{5}$
13	外测输入	外测频率输入端	外测信号频率由此输入,其输入阻抗为 1 MΩ(最大输入电压 150 V,最高频率 10 MHz)
14	脉宽/拉出 脉宽调节	斜波、脉冲波调节旋钮	拉出此旋钮可改变输出波形对称性,产生斜波、脉冲波,且占空比可调。将此旋钮推下则为对称波形
15	压控输入	VCF 输入端	外加电压控制频率的输入端(0~5 V DC)

序　号	面报标示	名　称	作　用
16	直流拉出 直流调节	直流偏置调节 旋钮	拉出此旋钮可设定任何波形的直流工作点,顺时针为正工作点,逆时针为负工作点,将此旋钮推下则直流电位为零
17	TTL 输出	TTL 输出插座	此输出为主信号频率同步的 TTL 固定电平
18	反相拉出 幅度调节	幅度调节旋钮 及反相开关	① 调整输出波形振幅的大小,顺时针转至底为最大输出,反之有 20 dB 衰减率量 ② 将此开关拉出,则斜波、脉冲波反相
19	输出	输出端	输出波形由此端输出,其输出阻抗为 50
20	20 dB、40 dB、 60 dB	输出衰减开关	按下其中一只,有 20 dB 或 40 dB 的衰减量,两只同时按下有 60 dB 的衰减量

5.3.3　SDG1000 函数信号发生器

深圳鼎阳 SDG1000 系列高性能函数/任意波形发生器采用直接数字合成(DDS)技术,可生成精确、稳定、纯净、低失真的输出信号,还能提供高达 25 MHz,具有快速上升沿和下降沿的方波。

SDG1000 系列提供了便捷的操作界面、优越的技术指标及人性化的图形风格,可大大提高工作效率。

1) 技术指标

DDS 技术,双通道输出,每通道输出波形最高可达 50 MHz。

125 MSa/s 采样率,每通道 14 Bit 垂直分辨率,每通道可达 16 kpts 存储深度(通道 1 可选配 512 kpts 的存储深度)。

输出 5 种标准波形,内置 48 种任意波形,最小频率分辨率可达 1 μHz。

(1) 频率特性

正弦波:1 μHz～50 MHz;

方波:1 μHz～25 MHz;

锯齿波/三角波:1 μHz～300 kHz;

脉冲波:500 μHz～5 MHz;

白噪声:50 MHz 带宽(−3 dB);

任意波:1 μHz～5 MHz。

内置高精度、宽频带频率计,频率范围:100 mHz～200 MHz。频率计的设置分为自动和手动两种方式。

丰富的调制功能:AM、DSB-AM、FM、PM、FSK、ASK、PWM,以及输出线性/对数扫描和脉冲串波形。

(2) 标准配置接口:USB Host,USB Device,支持 U 盘存储和软件升级。可选配 GPIB 接口。

(3) 支持远程命令控制,配置功能强大的任意波编辑软件,可输出用户编辑和画出的任意形状波形。

(4) 仪器内部提供 10 个非易失性存储空间以存储用户自定义的任意波形,通过上位机软件可编辑和存储更多任意波形。任意波编辑软件提供 9 种标准波形:Sine,Square,Ramp,

Pulse,ExpRise,ExpFall,Sinc,Noise 和 DC,可满足最基本的需求;同时还为用户提供了手动绘制、点点之间的连线绘制、任意点编辑等绘制方式,使创建复杂波形轻而易举。多文档界面的管理方式,可使用户同时编辑多个波形文件。

(5) 直接获取示波器中存储的波形并无损地重现,可与 SDS1000 系列数字示波器无缝互连。

(6) 可选配高精度时钟基准(1 ppm 和 10 ppm),支持中英文菜单显示及中英文嵌入式帮助系统。

(7) 3.5 英寸 TFT-LCD 显示;支持中英文菜单及英文输入;设有帮助按键,方便信息获取;支持 U 盘和本地存储,便于文件管理;专用的接地端子。

(8) 仪器内置 48 种任意波形(含直流),包括常用、数学、工程、窗函数及其他常见波形。

5.3.4　信号源的使用方法与注意事项

信号源的使用方法与注意事项主要有以下几点:

(1) 先将输出幅值调节到零位,接通工作电源,预热几分钟以后方可进行工作。

(2) 使用时,将信导源频率调节到所需的数值,对于函数发生器,还要将"波形选择"转换开关接到选定的波形位置。在确认负载与信号发生器连接无误后,再将输出电压从零位调节到所需的数值。若信导源面板上没有电压表而欲知输出电压数值时,需要外接电压表或者用示波器进行测量。

(3) 信号发生器上的输出功率不能超过额定值,也不能将输出端短路,以免损坏仪器。

5.4　晶体管稳压电源

JWY-30B 晶体管稳压电源是一种高稳定度,输出 1~30 V 连续可调的直流稳压电源。它有两路输出,各自独立,互不影响,极性可变。但它两路输出的电压及电流指示共同使用面板上的电压表和电流表。因此,在两路电源同时使用时,应注意面板上电压表和电流表的示值与两路电源输出的对应关系。例如使用左路电源时,应将面板上的电源转换开关拨至左边,按输出需要调节左路"粗调"和"细调"旋钮,此时电压表和电流表示值为左路输出值。当需要右路电源时,切记,应先将电源转换开关拨至右边,此时,电压表和电流表示值为右路电源输出值(左路电源不因此而失去刚才调好的输出值)。若右路输出需调节,可旋动"粗调"和"细调"旋钮。此时,切勿乱动左路有关旋钮。

5.4.1　主要技术指标

(1) 输出电压。1~30 V 连续可调,每段间相互覆盖,两路输出,极性可变。

(2) 最大输出电流。第一路输出 1.0 A,第二路输出 0.5 A。

(3) 输出电压稳定度。交流输入电压变化 $\pm10\%$,且额定负载范围内,输出直流电压变化小于 $\pm0.1\%$。

(4) 负载稳定度。负载由零变为额定值时,输出电压变化不大于 30 mV。

(5) 输出纹波电压。输出纹波电压不大于 3 mV。

（6）交流供电。交流供电频率 50～60 Hz。电压 220 V±10％。

（7）保护。当输出过载或瞬时短路，能自动保护，停止输出，但不允许长时间短路。

5.4.2 工作原理

当输出电压由于负载变化或交流输入电压变化而引起偏离原来的电压值时，此变化的电压经过比较放大器放大后控制调整器，使调整器的电压产生相应的变化补偿这一变化，从而使输出电压趋于原来的数值，起到稳定的作用。

当负载电流在额定工作电流以内时，保护电路不起作用。但当过载或短路时，保护电路改变工作状态，控制调整器，使其截止，输出为零，对负载和电源起到保护作用。其工作原理方框图如图 5.4.1 所示。

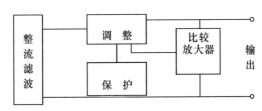

图 5.4.1 JWY-30B 晶体管稳压电源原理框图

注意事项

（1）此电源不能作串联或并联使用。

（2）电源输出电压由"粗调"（波段开关）和"细调"（电位器）共同调节。例如所需电压为 10 V 时，应把"粗调"放置在高于它的"15 V"挡，然后使用"细调"旋钮调节输出至 10 V，不能放置到低于输出的下一挡"9 V"，也不能放置到虽高于输出但跨过 15 V 的"20 V"挡。这主要是因为各挡之间互为上下限，略有覆盖。

（3）如因过载或短路，使输出为零，电源处于保护状态时，应立即切断电源，排除故障后，再打开电源，否则长期短路将烧毁元件，致使电源不能工作。

（4）容性负载时，如接上负载后，电压立即降至零而并非过载或短路时，可将"细调"旋钮逆时针方向旋至终端，然后再顺时针方向右旋至所需输出电压值。

（5）在进行测试工作中，不得旋动"细调"旋钮，更不能左旋至终点，因为此时保护电路失效，容易烧毁电源。

附 录

附录1　上海宝徕 SBL-1 型电工实验台装置介绍

　　上海宝徕 SBL-1 型电工实验台是一款为国内电工技术实验开发的实验装置。它采用国外先进理念，一改以往实验装置的布局，将常用仪器分模块制成，方便拆装、更换、维修，一改以前实验装置难以维护的弊端。同时大部分供电线路嵌入到实验面板内部，对实验人员提供外接端口，屏蔽了复杂的内部构造，因此实验台显得干净整洁、结构紧凑而不失美观。常用分立器件，如电阻、电容、电感、开关等，使用频繁，规格众多，却又容易损坏，如果直接固定到实验箱上，不但将占用大量的空间，使实验箱笨重不便，后期的更换也将是极为棘手、颇为繁重的一项工作，尤其针对并无太多实际操作经验的学生，必须考虑到损坏率的问题。宝徕公司借用单片机开发中面包板的思路，使这些常用小器件平时可收到盒子里，用时再插接到实验板上，主要器材通过各个模块放置到架子上，有效节约了实验室空间。

　　现在这套实验装置已经在国内若干省市的高校里面使用。为使同学们使用方便，减少损坏装置的情况，下面对基本的实验模块做出简单的介绍。

附1.1　电压表与电流表

　　这两种仪表按照电路类型分为交流和直流仪表两种。其中 AC 表示交流仪表，DC 表示交流仪表。实验中往往有同学不分直流、交流随意搭接电路，其结果必然导致仪表烧毁，这在实验中已经屡见不鲜。

　　直流仪表分正负极性，连接时必须保证电流从正极流入（一般会有"＋"号或红色提示），负极流出（一般会有"－"号或黑色提示），否则会得出错误的数据，导致实验失败，这在直流实验（如电位测量、叠加定理、戴维宁定理实验）中必须注意。而交流仪表不分正负，只是在有些时候需要注意同名端时（如功率表、变压器实验），有的仪表会有正负标示。

　　1）电流表

　　电流表测量信号时，需要与被测支路串联，而且测量之前需要先估算一下电路中出现的电流的最大值，不能使测量对象超出仪表量程。

　　2）电压表

　　电压表测量信号时，需要与被测支路并联，而且测量之前需要先估算一下电路中出现的电压的最大值，不能使测量对象超出仪表量程。

附1.2　电容

在实验台上以及实验箱中,配备了电容器。其中,实验箱中的电容器是在串联谐振电路中使用的,额定功率较小,不能用在"日光灯电路和功率因数提高"实验中。实验台上整流器旁边的电容器是用于日光灯电路实验中的,功率较大。

镇流器下部的三个电容与镇流器接线端子临近,实验中,电容 C 与整个日光灯电路而非日光灯灯管并联,电容一旦接错,会导致灯管、启辉器烧毁,甚至会使电容器爆炸,特别需要注意接线的电路图和规范。故此,电容下面端子与镇流器(符号 L)下面连接,这里同时与电源进线连接(如连接相线 L_1);而电容上面端子与中性线(N)连接;镇流器上面端子接日光灯灯管一侧(如左侧)端子;日光灯灯管另一侧(如右侧)接中性线;启辉器与灯管两端并联连接。

附1.3　启辉器与日光灯电路

日光灯的启辉器是一个圆柱形的白色塑料器件,插在实验台左侧面板上,它的接线端子在器件插孔下方。启辉器是一个充斥惰性气体的玻璃泡,里面两个电极是膨胀系数不同的双金属片,惰性气体的击穿电压高于日关灯的正常工作电压,因此电路刚上电时由于灯管未点亮,启辉器与灯管的并联支路两端相当于开路,220 V 的交流电压会使启辉器击穿惰性气体,从而弧光放电,大电流迅速导致双金属片发热并膨胀变形,最终接触而正常导电,此时的电流相比击穿电流小得多,从而致使双金属片发热减少,恢复原来的断开状态。由于电感性元件镇流器的存在,产生感应电动势 E,E 与外加的交流电压落到启辉器与日光灯的并联支路上,足以使灯管开始发光。灯管正常发光后,其上的压降较小(根据功率不同而不同),但就实验室的日光灯电路而言,只有几十伏特,这样启辉器也就不起作用了。

附1.4　三相电源

实验台供电电源采用三相电源,L_1、L_2、L_3 分别为三相电源相线,N 为中性线,L 之间的电压为线电压,额定值 380 V;L、N 之间电压为相电压,额定值 220 V。在实验时,有时需要调整电压大小,比如要求相电压 200 V,则可以从 L_1、N 引出两根塑胶线,接在功率表的电压线圈(实验台并未单独提供交流电压、交流电流表)上,旋转实验台左侧黑色大旋钮,边调节边读数,以得到所需大小的电压。首先合上三相保险丝,然后合上三相空气开关,如果三相指示灯皆亮,则表示熔断器及电源正常;否则更换没有点亮的某相熔断器(必须让指导教师更换,严禁学生自己操作,以防触电事故发生)。

三相指示灯的下面,有黑色输出旋钮可以选择三相交流电压输出类型。"380 V 输出"档表示 L_1 与 L_2 之间的线电压输出为 380 V;"0"表示输出电压为 0,检修电路或实验台闲置时,打到该挡位;"调压输出"表示此时实验台左侧黑色旋钮可以调节输出的线电压和相电压,大小可以通过下方的四个指针式仪表盘读出。

附 1.5　日光灯电路

日光灯电路包括日光灯灯管、启辉器、镇流器。其中,灯管与启辉器并联连接,镇流器与该并联支路串联连接,总的电路两端接交流电源。在功率因数提高实验中,当需要并联电容时,电容应该与整个日光灯支路(包括灯管、镇流器、启辉器)并联。

附 1.6　插孔

插孔一般是测量电流时预留的串联交流电流表(或者功率表的电流线圈)的位置。原则上,如果不需要接电流表,则不要连接插孔,以使电路尽量简单,使接线逻辑简单,减少出错的几率,并易于检查电路错误和修改电路接线。

附 1.7　灯泡

在三相电路星形连接和三角形连接实验中使用。当某相需要两盏时,应按照电路图并联连接,一般左边接进线作为该相始端,右端接出线作为该相末端。

附 1.8　直流电源

包含直流电压源和直流电流源。在使用过程中,需要注意,电压源禁止短路,电流源禁止开路(实际实验电路中因已经做了电流源开路保护,所以允许开路)。直流电压源和电流源在使用之前,均需先调节输出再接线。

电压源(Power Supply)调节时,先打开 SW 开关,当指示灯亮时,说明此电压表是正常的,边调节边读数。它的输出有两个端子,其中,红色为正极,表示电流流出;黑色为负极,表示电流流入。在调节时,也可以从电压源的输出引出两根导线与直流电压表并联,边调节边读数。当然电压源的表盘和电压表的读数可能会有较小的差别,但是一般都在误差允许范围内,不会影响实验结果。

除了可调节的直流电压源,面板上还有固定值的电压输出(DC Power Supply),有 5 V～15 V～−15 V 三种电压输出。两个黑色插孔是信号地,作为负极;标识 5 15-15 的三个插孔作为正极输出。同样这组电源也有单独的开关控制 SW。

除了两组直流电压源(DC Power Supply)之外,实验台上还有一组直流电流源(Current Supply)。它有两个量程可以选择:0～30 mA 和 0～200 mA。电流源在使用时,需要先调节大小,再接入电路。调节方法为:先用一根导线将红色和蓝色输出端子短接以构成闭合电流通路,再选择合适的电流输出量程,打开面板上的 SW 开关,旋转白色旋钮,边调节边读旁边的液晶显示屏,调节完毕之后,断电,接入实验电路,再开电开始实验。

附录 2 PSpice 电路仿真软件

附 2.1 仿真软件介绍

PSpice 是较早出现的 EDA(Electronic Design Autuomation)软件之一,1985 年由 Microsim 公司推出,后来该公司被 OrCAD 公司兼并,该软件成为 OrCAD/PSpice。在电路仿真方面,它的功能最为强大,在国内得到了普遍使用。PSpice 发展至今,随着软件的不断升级,其功能也不断扩充。目前新推出的版本为 OrCAD 16.3,本书所用版本为 OrCAD 9.2 (Lite Edition)。

在实验中心网站有 OrCAD 9.2(Lite Edition)安装文献下载,Lite Edition 与正版 OrCAD 9.2 相比,在功能上受到下述限制。

(1) 用 OrCAD 9.2(Lite Edition)绘制电路图时,对电路的规模没有限制。但是在存入文件时,要求电路图中的元器件数不得超过 30 个。电路中最多有 64 个节点,10 个晶体管和 2 个运算放大器。

(2) OrCAD 9.2(Lite Edition)元器件模型参数库中只包括 39 个模拟器件和 134 个数字器件的特性数据。

(3) 运行 OrCAD 9.2(Lite Edition)的优化模块时,只能设置一个目标参数和一个约束条件,可以调整的元器件参数也只有一个。

(4) OrCAD 9.2(Lite Edition)中激励信号波形图生成模块 SimEd 只能生成正弦调幅信号和时钟信号。

附 2.1.1 OrCAD 软件系统的组成

OrCAD 软件系统主要由 OrCAD/Capture CIS、OrCAD/PSpice、OrCAD/Layout Plus 等三部分组成。

(1) OrCAD/Capture CIS。它是一个共用软件,在调用 OrCAD 软件包中的其他两个软件以前,都需要首先运行 Capture CIS 软件。Capture CIS 是一个功能强大的电路原理图设计软件,除了可生成各类模拟电路、数字电路和数/模混合电路外,还配备有元器件信息系统 CIS(Component Information System),用以对元器件进行高效管理,同时还有 ICA(Internet Component Assistant)功能,可在设计电路图的过程中从 Internet 的元器件数据库中查阅、调用上百万种元器件。

(2) OrCAD/PSpice。它是一个通用电路模拟软件,除了可对各类模拟电路、数字电路和数/模混合电路进行模拟外,还具有优化功能。该软件中的 Probe 模块,不但可以在模拟结束后显示所得结果的信号波形,而且可以对波形进行各种运算处理,包括提取电路参数特性，分析电路参数特性与元器件参数的关系。

（3）OrCAD/Layout Plus。它是一个印刷电路板（PCB）设计软件，可以直接将 OrCAD/Capture 生成的电路图通过手工或自动布局布线方式转为 PCB 设计。在 PCB 设计中，板层可达 30 层，布线分辨率为 1 μm，放置元器件时旋转角度可精确到（1/60）度，即 1 分。完成 PCB 设计后，可生成三维显示模型，也可直接生成 Gerber 光绘文件。

附 2.1.2　OrCAD 使用介绍

OrCAD 9.2(Lite Edition)安装完成后，运行如图附 2.1.1 所示桌面快捷图标，或程序里的 Capture CIS Lite Edition，即可启动 OrCAD 9.2(Lite Edition)软件，界面如图附 2.1.2 所示。

图附 2.1.1　Capture CIS 软件的图标

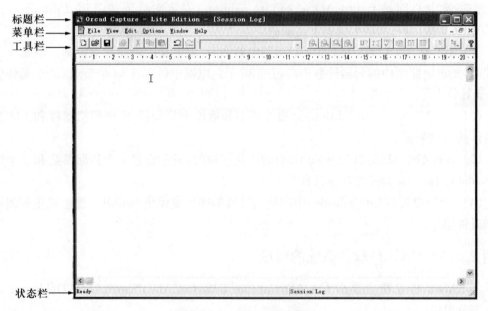

图附 2.1.2　Capture 启动窗口

选择菜单栏中的 File/New/Project 命令即可新建一个项目，如图附 2.1.3 所示。在画电路图之前，需要对 New Project 对话框进行设置。

（1）设计项目名称设定。在 Name 对话框中输入项目名称（项目名称尽量用英文和数字组成，不要输入汉字）。

（2）设计项目类型选定。若对所设计的电路图进行 PSpice 电路模拟，选择图附 2.1.3 中的"Analog or Mixed-signal Circuit Wizard"；若进行印刷电路板设计，选择图附 2.1.3 中的"PC Board Wizard"；"Programmable Logic Wizard"表示用于 CPLD 或 FPGA 设计；"Schematic"表示绘制一般的电路图。

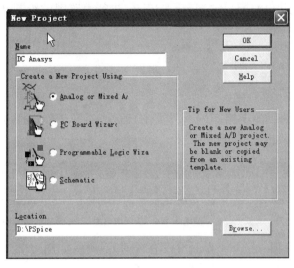

图附 2.1.3　New Project 对话框

（3）设计项目路径设置。图附 2.1.3 中"Location"一项用于设置保存新建项目的路径。

上述三项设置完成，点击"OK"后，出现"Create PSpice Project"对话框，其中"Create based upon an existing project"表示在已有的项目创建一个新项目；"Create a blank project"表示创建一个空白的项目。在图附 2.1.4 中点击"OK"后，进入 Capture CIS 原理图编辑环境，如图附 2.1.5 所示。

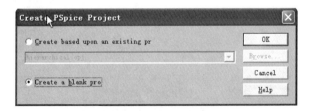

图附 2.1.4　Create PSpice Project 对话框

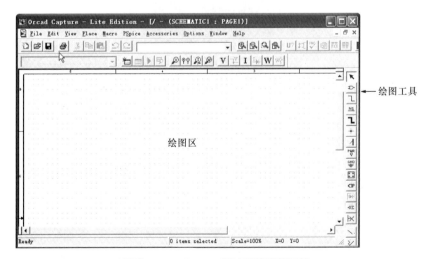

图附 2.1.5　Capture CIS 原理图编辑环境

这里主要介绍利用 OrCAD 9.2(Lite Edition)进行电路图的绘制和模拟仿真,至于其他功能可以参考其他教材。

附 2.1.3　电路图的绘制

1) 放置元器件

在如图附 2.1.5 所示的电路图编辑界面中,运行 Place/Part 命令或点击绘图工具栏中图标进行元器件放置,如图附 2.1.6 所示。

图附 2.1.6　绘图工具栏

初次使用时,如果 Place/Part 界面里没有任何元器件,如图附 2.1.7 所示,则首先应点击右边的"Add Library"按钮,添加所需的元件库。

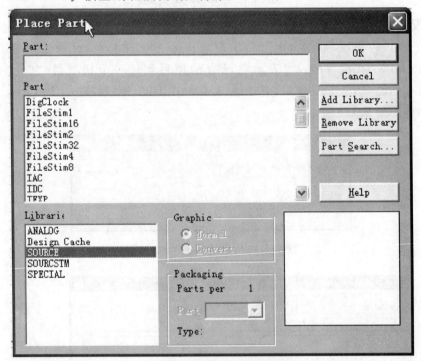

图附 2.1.7　Place/Part 界面

Spice 库文件在路径 Capture\Library\PSpice 下,常见的 Library 有以下几个:

(1) Analog 和 Analog_p:包含无源元件(R、L、C)、互感器、传输线,以及受控源。

(2) Source:包含不同类型的电源。如直流电压源(VDc)、直流电流源(IDc)、交流电压源(VAc)、交流电流源(IAc)等。Sourcestm 中的信号源波形需要调用激励信号波形生成模块 SimEd 设置。

(3) Eval:包含半导体器件、运算放大器和逻辑电路单元。

(4) Amb:包含代表某些模拟功能的符号,如乘法(Multi)、求和(Sum)等。

（5）Special：包含与电路模拟有关的一些专用符号，如参数、节点等。

库文件添加成功后，在 Place/Part 界面的 Library 里找到相应的元器件，然后点击 OK 即可放到绘图区。下面以电阻元件为例进行说明操作过程。

在 Place/Part 界面的 Library 选择 Analog 库，在 Part 中找到 R 元件，如图附 2.1.8 所示。点击 OK 按钮，此时鼠标指示的箭头上有一个电阻元件，在画图区左击鼠标，电阻元件就会放置在鼠标点击的位置。

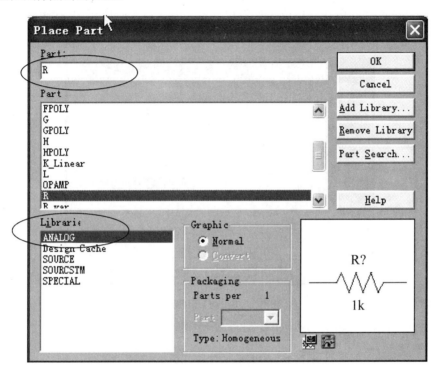

图附 2.1.8　放置 R 元件

按 ESC 键，便可退出放置电阻元件的状态，否则一直处于放置电阻元件的状态。也可点击鼠标右键，弹出属性菜单，如图附 2.1.9 所示，鼠标左键点击 End Mode 也可退出。

图附 2.1.9　元件绘制

Mirror Horizontally 和 Mirror Vertically：将元器件对 Y 轴和 X 轴进行镜像翻转。

Rotate：将元器件逆时针 $90°$ 旋转。

Edit Properties:修改元件属性参数。

Zoom In 和 Zoom Out:放大或缩小指定部分。

Go To:将光标快速移到指定的位置。

从库中找到的电阻和电容元器件默认值为 1 kΩ 和 1 nF,实际绘制的电路图往往需要对默认参数进行修改。鼠标左键双击电阻和电容的参数值,在如图附 2.1.10 所示的 Display Properties 对话框中修改参数值。PSpice A/D 中,采用实用工程单位,即时间单位为秒(s),电流的单位为安培(A),电压的单位为伏特(V)等。因此在实际应用中,代表单位的符号可以省去。例如,表示 510 kΩ 的电阻时,用 510 k,5.1E5,510 KOhm 均可。

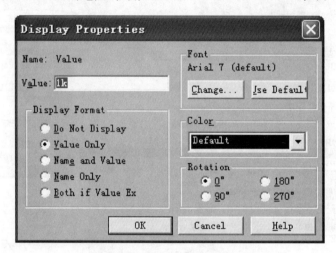

图附 2.1.10　电阻参数属性

PSpice A/D 中,比例因子如表附 2.1 所示。

表附 2.1　Pspice A/D 采用的比例因子

符　号	比例因子	名　称
f	10^{-15}	飞
p	10^{-12}	皮
n	10^{-9}	纳
μ	10^{-6}	微
mil	25.4×10^{-6}	密耳
m	10^{-3}	毫
k	10^{+3}	千
M	10^{+6}	兆
G	10^{+9}	吉
T	10^{+12}	太

鼠标左键双击电阻 R_1,在弹出的 Display Properties 对话框中可以修改元件的别名。鼠标左键双击元件符号,可以修改参数值和别名。

其他元件的放置与电阻元件的放置方法类似,不再赘述。

 2）元器件连接

电路图中各种元器件绘制好后,需要绘制互连线,实现不同元器件之间的电气连接。绘制互连线的步骤如下:

 （1）选择执行 Place\Wire 命令,进入绘制连线状态,光标形状变为十字形。

 （2）将光标移至互连线的起始位置处,点击鼠标左键,从该位置处绘制互连线。

 （3）用鼠标控制光标移动,至绘制互连线的末端,按 ESC 键结束互连线。

两个元器件连接区重合时,才表示器件在电学上相互连接,此时元器件端头的空心方形连接区消失。两条互连十字线交叉或者丁字形相接时,只有在交点处出现实心圆的连接节点才表示这两条互连线在电学上是相连的。

 3）电源和接地符号的绘制

Source 库中提供的电源符号代表真正的激励源;Capsym 库中提供的四种电源符号仅仅是一种符号,在电路中只表示该处要连接一种电源,本身不具备任何电压值。

在调用 PSpice 对模拟电路进行仿真时,电路中一定要有一个电位为零的接地点。零电位点接地符号通过执行 Place\Ground 命令从 Source 库中选用名称为 0 的符号得到。

附 2.2　电路仿真设置及仿真实例

附 2.2.1　PSpice 分析功能和分析原理

PSpice 用于模拟电路、数字电路及模数混合电路的分析及电路的优化设计。PSpice 的分析功能主要体现在以下几个方面。

 （1）直流工作点分析（Bias Point Detail）:在分析过程中,电容开路,电感短路,对各个信号源取其直流电平值,然后利用迭代的方法计算电路的直流偏置。

 （2）直流灵敏度分析（DC Sensitivity）:定量分析和比较电路特性对每个电路元器件参数的敏感程度。它可分析指定节点电压对电路中电阻、独立电压源和独立电流源、电压控制开关和电流控制开关、二极管、双极晶体管共五类元器件参数的敏感度。

 （3）直流传输特性分析（Transfer Function）:首先计算直流工作点,并在在直流工作点处对电路元件进行线性化处理,然后计算出线性化电路的直流小信号增益、输入电阻和输出电阻。

 （4）直流特性扫描分析（DC Sweep）:使电路中某个元器件在一定范围内变化,对自变量的每个取值,计算电路的直流偏置特性并显示结果。

 （5）交流小信号频率特性分析（AC Sweep）:首先计算电路的直流工作点,并在工作点处对电路中各个非线性元件线性化处理,得到线性化的交流小信号等效电路。然后使电路中交流小信号源的频率在一定范围内变化,并用小信号等效电路计算电路输出交流信号的变化。

 （6）噪声分析（Noice Analysis）:电路中每个电阻和半导体器件在工作时都要产生噪声,为了表征电路中的噪声大小,PSpice 采用一种等效计算的方法。

(7) 瞬态特性分析(Transient Analysis):在给定个输入激励(脉冲信号、分段线性信号、正弦调幅信号、调频信号和指数信号)信号作用下,计算电路输出端的瞬态响应。

(8) 傅里叶分析(Fourier Analysis):在瞬态分析结束后,通过傅里叶分析计算瞬态输出结果波形的直流、基波和各次谐波分量。

以上是 PSpice 基本电路分析功能,除此之外其还能分析电路中元器件参数值变化对电路的影响,包括温度的影响即温度分析(Temperature Analysis)、参数变化的影响即参数扫描分析(Parametric Analysis),考虑参数变化对电路特性影响的两种统计分析技术即蒙托卡罗分析(Monte Carlo Analysis)和最坏情况分析(Worst-Case Analysis)。

PSpice 分析电路的过程可以用以下流程来描述:

(1) 绘制电路图。

(2) 输入元器件及模型参数。

(3) 定义分析类型和输出变量。

(4) 保存电路图文件。

(5) 运行电路分析程序。

(6) 检查分析电路图是否出错。如果出错,检查电路输出文件,查明出错原因并修改电路图文件,直至无错误为止。

(7) 若没出错,查看电路分析结果,包括输出波形和输出文件。

(8) 确定电路是否需要修改。如需修改,修改后再运行程序,直到结果满意为止。

整个电路分析包括两个阶段:

第一阶段:绘制电路图,保存电路图文件。在这个过程中将产生电路图文件 ∗. sch,这个文件包含电路拓扑结构、元件参数、输出变量及分析类型等信息。

第二阶段:运行电路分析程序。启动运行程序后自动生成以下文件:

(1) ∗. net:电路连接网表文件,包含元件之间的连接信息。

(2) ∗. ais:电路各节点的别名信息。

(3) ∗. lib:包含元器件模型和子电路信息的局部模型库文件。

(4) ∗. ind:库索引文件。

由这些文件生成供分析用的电路输入信息文件 ∗. cir,分析完毕将自动生成以下两种文件:

(1) ∗. dat:供图形后处理显示波形用的二进制数据文件。

(2) ∗. out:电路输出文件。

下面通过具体的例子介绍 PSpice 典型仿真及仿真参数的设置。

附 2.2.2   直流工作点分析(Bias Point Detail)

1) 绘制电路图

按照原理图附 2.2.1 绘制出电路图,电路图如图附 2.2.2 所示。

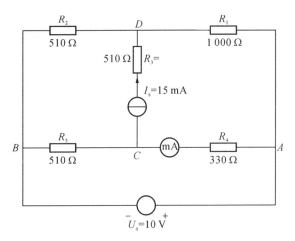

图附 2.2.1 叠加定理仿真原理图

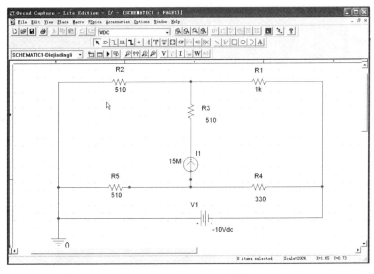

图附 2.2.2 PSpice 绘制电路图

原理图的绘制一定要保证零电位点以及元器件之间可靠的电气连接,否则编译会报错。

2)从 PSpice 菜单创建一个 New Simulation Profile

在弹出的 New Simulation 对话框设置 Name(尽量和原理图的名字相同),Inherit From 使用默认值 None,如图附 2.2.3 所示。

图附 2.2.3 New Simulation 设置

点击 Create，弹出 Simulation Setting 对话框，在 Analysis Type 下拉菜单中选择 Bias Point 仿真类型，如图附 2.2.4 所示。点击 OK 按钮，保存刚才的设置，运行 PSpice\Run 命令进行仿真。

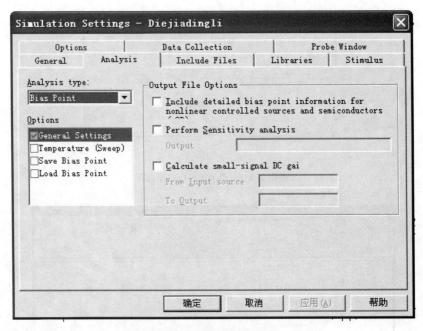

图附 2.2.4　Simulation Setting 对话框

仿真结束，如果没有错误的话，点击工具栏中的 V 和 I 图标，这时在原理图中显示直流稳态工作点的电压和电流，如图附 2.2.5 所示。

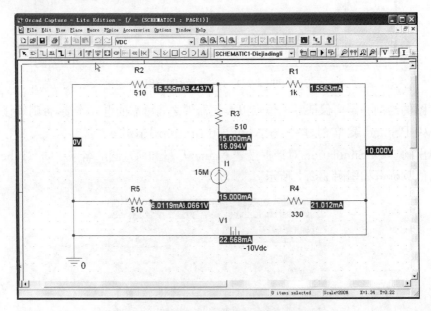

图附 2.2.5　直流工作点

附 2.2.3 直流扫描分析(DC Sweep)

1) 绘制电路图

按照原理图附 2.2.6 绘制电路图,电路图如图附 2.2.7 所示。

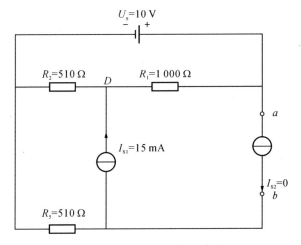

图附 2.2.6 验证戴维南定理电路图

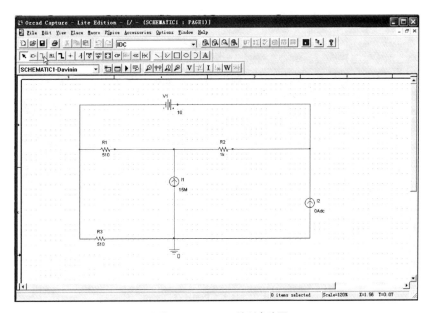

图附 2.2.7 PSpice 绘制电路图

2) 运行 PSpice\New Simulation

绘制好电路图后,运行 PSpice\New Simulation,在弹出的 Simulation 对话框中选择 DC Sweep 仿真类型,在右边的 Sweep Varible 中选择电流源并给出电流源的 Name,在 Sweep Type 中设置电流源变化的方式,Linear 为线性,Start 为起点,End 为终点,Increment 为增幅,如图附 2.2.8所示。点击确定后,进行仿真。在 Probe 窗口中执行 Trace\Add Trace V(I2+),即可得到电流源 I2 变化时,两端电压变化曲线,如图附 2.2.9 所示。

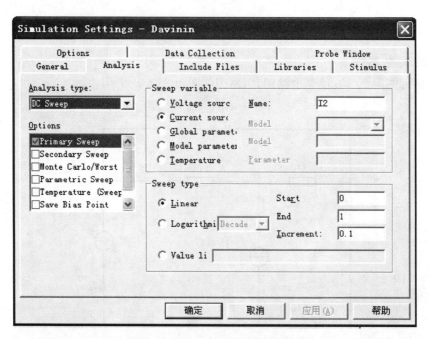

图附 **2.2.8**　**Simulation Setting 对话框**

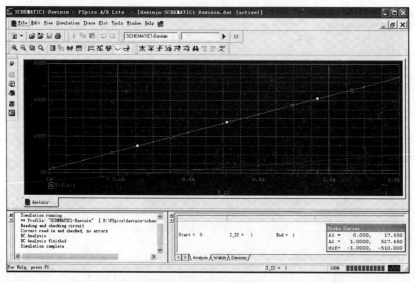

图附 **2.2.9**　**Probe 窗口**

通过图附 2.2.9 Probe 窗口,能看出当电流源为 0 时,电流源两端的电压为 17.65 V,即 a、b 两端开路的电压为 17.65 V;当电流源电流为 1 A 时,电流源两端电压为 527.65 V,所以从 a、b 两端看等效电阻为

$$R_{eq} = \frac{527.65 - 17.65}{1 - 0} = 510 \ \Omega$$

因此,如图附 2.2.6 所示电路中 a、b 左侧含源部分戴维南等效电路为 17.65 V 理想电源和内阻为 510 Ω 的电阻串联的模型。

附 2.2.4 瞬态特性分析(Transient Analysis)

1) 绘制电路图

RC 一阶仿真电路的参数:方波信号源,幅度为 10 V,脉冲宽度为 1 ms,周期为 2 ms;$R=100\ \Omega$,$C=0.47\ \mu\text{F}$,$\tau=R\cdot C=100\times0.47\ \mu\text{s}=4.7\times10^{-2}\ \text{ms}$。电路如图附 2.2.10 所示。

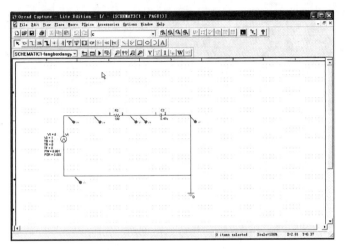

图附 2.2.10 PSpice 绘制电路图

在图附 2.2.10 中用到的电源是 Source 中的 Vpulse (脉冲信号源)。信号源各参数的含义如图附 2.2.11 所示。

2) 运行 PSpice\New Simulation

在 Simulation Setting 对话框中选择 Time Domain 仿真类型。Run to(仿真时间)为 6ms,Max Step(步长)为 0.1 ms,如图附 2.2.12 所示。

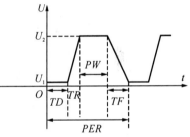

图附 2.2.11 VPULSE 元件的参数含义

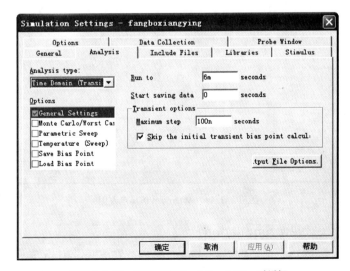

图附 2.2.12 方波响应 Simulation Setting 对话框

电阻和电容上的电压波形如图附 2.2.13 所示。

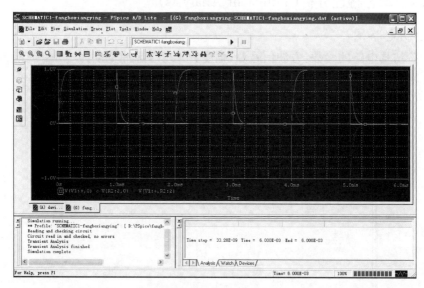

图附 2.2.13　方波响应

附 2.2.5　交流小信号频率特性分析（AC Sweep）

1）绘制电路图

按照图附 2.2.14 绘制出电路图。信号源为 Source 库中的交流信号源（Vac）。

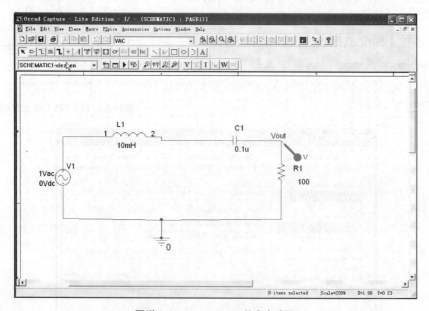

图附 2.2.14　AC Sweep 仿真电路图

2）运行 PSpice\New Simulation

绘制好电路图后，创建一个新的 Simulation 模板。在 Simulation Setting 对话框中选择 AC Sweep\Noise 仿真类型。Sweep Type 选择线性（Linear），电源起始频率（Start）为 1 Hz，

电源终止频率(End)为 10 000 Hz,频率点个数(Total)为 1 000,如图附 2.2.15 所示。

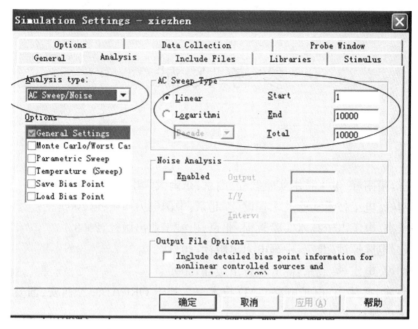

图附 2.2.15　AC Sweep Simulation Setting 对话框

打开 Probe 窗口,从图附 2.2.16 可以看出,当电源频率为 5 033 Hz 时,电路处于谐振状态。

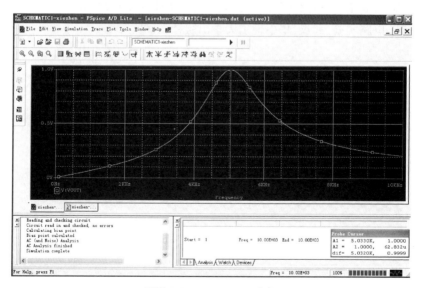

图附 2.2.16　AC Sweep 响应

参 考 文 献

[1] 陆晋,褚南峰.电工技术实验教程.南京:东南大学出版社,2004

[2] 褚南峰.电工技术实验及课程设计.北京:中国电力出版社,2005

[3] 孙玉杰.电工电子技术实验教程.北京:机械工业出版社,2009

[4] 王玫.电路原理.北京:中国电力出版社,2011

[5] 秦增煌.电工学.北京:高等教育出版社,2009

[6] 贾新章,武岳山.电子电路 CAD 技术——基于 ORCAD9. 2.西安:西安电子科技大学出版社,2002

[7] 彭厚德,夏锴,贺国权.电工电路实验与仿真.成都:西南交通大学出版社,2011

[8] 龚秋英.电工基础实验.南京:东南大学出版社,2012

[9] 娄娟.电工学实验指导书.北京:中国电力出版社,2006

[10] 张维中,龚绍文.电路实验.北京:北京理工大学出版社,2007

[11] 王建.电路实验.武汉:华中理工大学出版社,2003